祁偉廉◎著　徐偉◎繪圖

序

本人與作者相識多年，其所學爲獸醫專業，但對生態保育問題、環境的關懷與落實，一直相當積極，其對哺乳動物的專業知識，更由於獸醫的背景，在形態解剖等方面有特殊的訓練。其又在求學實習期間至動物園，對園內之台灣本土哺乳動物進行多次之接觸及深入之觀察。此外，祁君曾協助本人之研究工作，進行原住民對野生動物資源利用之調查工作，期間除曾先後至台灣各山地鄉了解野生哺乳動物的現況外，並與原住民在山中共同生活，實地了解野生動物的生活習性。近年來，祁君在鳥類之救傷及鯨豚之保育上又積極參與，係專業人士長期積極投入保育工作之典範。

由於近年來保育工作的推廣，坊間有不少參考書籍，其中有許多有關鳥類、昆蟲、魚類、兩棲類等書籍，而對哺乳動物的介紹雖有農委會及特有生物中心出版之保育類野生動物、玉山及太魯閣國家公園出版之哺乳動物等，但其內容多限於珍稀動物之介紹或爲區域性者，鮮有完整而全面的敘述。

本書祁君以其多年與野生動物相處的經驗，將台灣所有之陸棲野生哺乳動物，以大家所熟悉易懂的動物爲序幕，打破傳統上分類的編排，以引導讀者進入了解並欣賞台灣野生動物的領域，其對各動物習性及形態之描述相當詳實。由於台灣野生哺乳動物大多生性隱密，又多屬夜行性，平常直接觀察不易，如何藉由其所留之痕跡來鑑定或判別其存在，本書亦有相當詳細的介紹，更是具有啓發與實用的價值。本書除教導讀者如何成爲一位良好的哺乳動物愛好者外，亦是有志於野生動物保育工作者之進階工具書及從事哺乳動物研究者之良好參考書籍。希望讀者能藉此眞正體驗台灣廣大而珍貴的野生動物資源，進而認同並以實際行動關懷牠們的福祉與生存環境。

師大生物系

王穎

導讀

近年來，民眾在接觸大自然，享受戶外生活時，除了欣賞風景外，賞鳥、賞蝶、賞螢火蟲的風氣也越來越盛。透過觀賞這些動物的過程，不但能增進大家對這些生物的認識，也讓大家逐漸了解正確對待這些動物的態度與愛護自然環境的重要。

但是除了新興的賞鯨豚活動，以及在某些特定的地點觀賞台灣獼猴之外，一般性的以哺乳動物爲觀賞對象的活動卻極爲罕見。這種情形並不是因爲民眾沒有興趣觀賞哺乳動物，只要到各個動物園看看，就可以看出，最常展示、最吸引參觀者的動物，往往是哺乳動物。野生哺乳動物難以觀賞的眞正原因，在於牠們行動隱密，常常在晨昏或夜間活動，而且一般極爲怕人，不易直接觀察；有些種類更因爲數量稀少，更增加直接觀察的困難度。

或許是因爲很少接觸，民眾對於本土的野生哺乳動物似乎相當陌生。例如問起小朋友台灣有哪些野生哺乳動物時，常常會得到獅子、老虎、大象、貓熊等等答案。或許是因爲不了解，不少人對待野生哺乳動物的方式也十分不恰當，例如見到動物時，還是有人會向牠們扔擲石塊或大聲喊叫，有些人則是想盡辦法要餵食動物；看到蝙蝠洞時，不管當時是不是傍晚蝙蝠正常出洞的時間，就用各種方法驚擾蝙蝠，想看牠們群飛出洞的景象。種種不當舉動，不僅干擾到動物的正常行爲，往往嚇得動物四處逃竄，甚至整群搬遷。若是動物因躲避不及而反擊，甚至會造成傷人的情形。

有些地方則發展用餵食的方式吸引動物前來，以便觀賞。這種方式在國外某些地方也曾經或仍在使用，但是必須注意到這種方式如果有效，除了吸引動物前來之外，也可能有其他的副作用。首先是餵食可能改變動物的活動與分佈，比較容易集中在餵食的時間與地點出現。隨著所餵食物的質與量的差異，提供給動物額外的營養與能量狀況也不同，有可能影響到動物的生長與生殖，進而影響族群數量的變化。通常餵食量大的地區，動物可能有過肥，生殖率提高，族群數量增加較快等現象。動物分佈較集中，族群數量增加較快，有可能影響到附近的環境，如果鄰近地區有住家或種植作物，亦可能造成擾人或破壞作物的問題。餵食也可能改變動物的行爲，使動物較易接近人，同時也可能造成人畜相互感染疾病的機會增加，或是動物傷人的機會增加。所以此種吸引動物靠近的做法，並不值得鼓勵。

還有一些人乾脆就把野生動物養在家裡當寵物，就近觀賞。然而圈養下動物的行爲與活動，極可能與自然狀況下的情形，有很大的出入。如果飼養的行爲沒有違反野生動物保育法，飼主也能妥善照顧動物終身，倒還可以接受。如果飼養涉及保育類野生動物，或是養不了多久就棄養放生了，不僅會造成動物無謂死傷，也可能造成棄養放生的動物傷人、破壞器物及農作物等等問題。

事實上，要觀察認識野生哺乳動物並不是那麼困難，重點在於事先的準備工作，多閱讀一些相關的書籍資料，先去了解所要觀察對象的特徵、習性、棲息場所等等；野外觀察時，要尊重動物自然的作息時間與方式，耐心的等待、細心觀察。也就是在適當的環境，適當的時間，以適當的方式觀察，假以時日，自然會達到目標。

有些哺乳動物如台灣獼猴、赤腹松鼠、條紋松鼠等是白天活動的，人們可以像賞鳥一般直接（或用望遠鏡）觀察牠們，但是要注意和牠們保持一段適當的距離，並且保持安靜。如果牠們不感覺到受威脅時，就會在原地逗留，並且比較自在的活動，表現牠們自然的行爲。夜間活動的飛鼠，也可以類似的方式，用手電筒輔助照明直接觀察。

對於蝙蝠之類，如果知道牠們棲息的洞穴或屋宅所在時，可以耐心地在牠們的棲所外等候。蝙蝠通常在傍晚天黑前後外出，不同種類出巢時間的早晚不一，在天亮前後回巢，許多種類在夜間覓食時會在街燈下飛舞，有時也會在涼亭內、大樹上、房屋中暫棲，消化食物，在這些時間和地點，通常很容易就可以觀察到蝙蝠，無需干擾牠，就可以看得過癮。

對於那些不易直接目擊的種類，大家就必須發揮偵探查案的精神，從環境中動物活動所留下的蛛絲馬跡，如足跡、排遺、食痕、掘痕、窩穴等等，去研判追蹤是何種動物曾經來做過什麼事。要進行這樣的工作，當然必須先對各種動物到底會留下何種蹤跡，不同種動物蹤跡的差異，有相當程度的了解，或是必須有好的圖鑑來幫助這方面的判斷。這類介紹哺乳動物痕跡判識的圖鑑，在一些自然觀察風氣十分普及的國家如歐、美、澳、非各國，甚至日本，都是相當容易找到的工具書，可惜在國內，除了特定單位印製過的一些非賣品的圖鑑中略有涵蓋外，市面上還是缺乏一本夠通俗、夠完整，介紹本土哺乳動物，尤其是介紹牠們蹤跡的書籍。

本書的作者——祁偉廉醫師，雖然所受的專業訓練是獸醫，而非生物學或動物學，但是一向對野生動物有高度的興趣。他從學生時代起，即廣泛收集包括哺乳動物在內的各類野生動物的相關資訊，盡可能到各地進行野外勘察，獲取觀察研究動物的經驗。他同時參與多個民間保育團體擔任義工，一方面貢獻他獸醫的專業知識，協助各類野生動物的救傷工作，一方面也與保育同好交換野生動物的資訊，因此累積了相當多有關本土哺乳動物的知識與經驗。

有鑑於民眾對本土哺乳動物極端陌生所產生的諸多問題，以及有心認識本土哺乳動物的民眾，往往因爲缺乏適當的參考工具書而裹足不前，祁醫師一直希望整理個人過去收集的資料及經驗，介紹大眾許多有關本土哺乳動物的基本資料，如何辨識哺乳動物各種蹤跡的方法，以及野外觀察哺乳動物應該注意的事項。相信這本書的出版，對於有意進一步認識本土哺乳動物，卻苦無參考與諮詢的讀者而言，絕對是一大福音。在此謹對祁醫師爲這本書所投入的心血，與多年來對保育工作的付出，表達最高的敬意。也希望讀者能善用本書所提供的資訊，多多認識、關懷本土的哺乳動物。

台大動物系

李玲玲

目錄

第一章

認識
哺乳動物

什麼是哺乳動物

哺乳動物是脊椎動物演化過程中最晚出現的一類，以「乳汁」哺育初生的幼兒是牠們最大的共同點。現今存在世界上的哺乳動物可歸納爲三大類：一是像鳥類一樣具有泄殖腔，排泄與生殖管道只有一個開口的「單孔類」，鴨嘴獸即是這類動物的代表，這一類爲卵生哺乳類；另一類是初生胎兒要再進入母親腹部由皮膜構成的育兒袋內，繼續發育成長的「有袋類」，大家熟知的袋鼠就是屬於這一類；而現存的哺乳動物大部分都屬於「眞獸類」，整個胚胎發育的時期都在母親腹中受到胎盤的保護，又稱爲胎盤類，這類動物不僅包括了活躍在陸上的多數哺乳動物，也包括了會在天空飛翔的蝙蝠，以及河川裡的江豚和海裡的鯨、海豚、海狗等海洋哺乳動物。

鴨嘴獸

就外型而言，乳房是哺乳動物必定具有的器官，雖然有些動物的乳房並不明顯。此外，雌體與雄體各有不同的外生殖器，而其他如耳朵、唇、齒、毛髮、爪或蹄等特徵則依種類不同而各異。以鯨豚類來

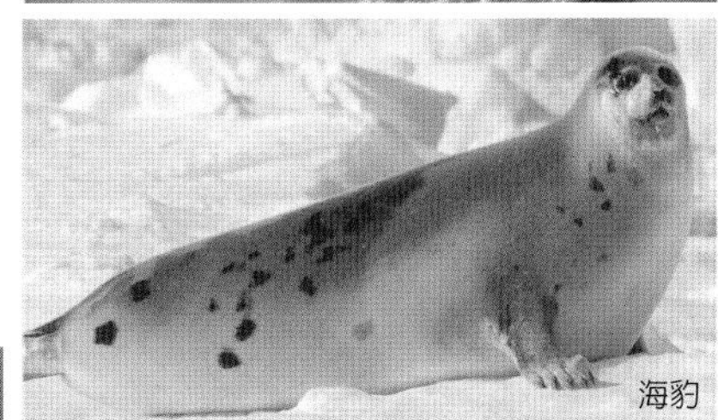

哺乳動物經過長期演化，發展出多種形貌，大家所熟知的鴨嘴獸、袋鼠、海豚、海豹、鯨都屬於此類。

各類型哺乳動物前肢的骨骼比較

獼猴
蝙蝠
鯨
馬
鹿
指（趾）骨
掌骨
腕骨
橈骨
尺骨
肱骨

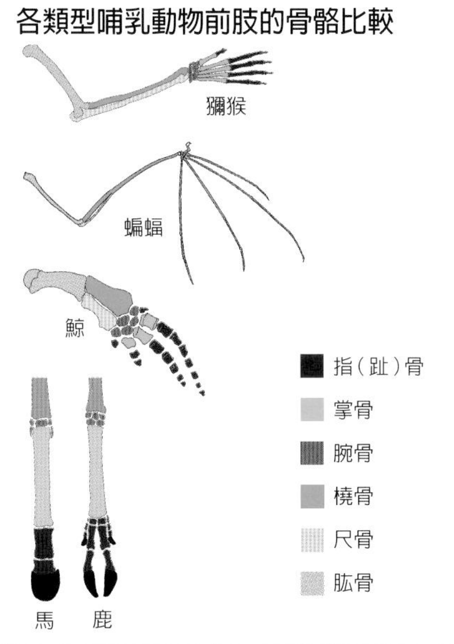

說，牠們既無毛髮又無耳朵，更沒有後肢；而穿山甲口內沒有牙齒，背上的毛髮則特化成了鱗片……。這些隨著種類而不同的特殊外型，正好成為哺乳動物分門別類的重要依據。

身體的構造

哺乳動物的外表形態是屬於兩側對稱的動物，且以四肢著地行動，只有台灣黑熊和台灣獼猴會像人類一樣直立站起來。哺乳類的身體部位名稱大致相似，其中，能在空中

身體部位名稱

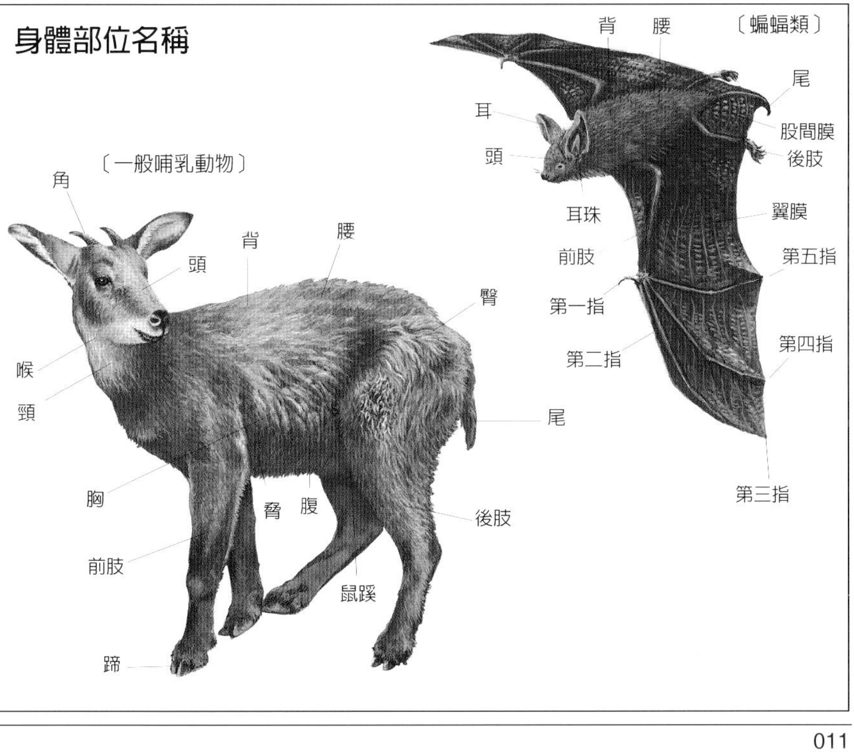

〔一般哺乳動物〕
角
頭
背
腰
臀
喉
頸
尾
胸
脅
腹
後肢
前肢
鼠蹊
蹄
〔蝙蝠類〕
背
腰
尾
耳
股間膜
頭
後肢
耳珠
翼膜
前肢
第五指
第一指
第二指
第四指
第三指

飛行的蝙蝠，因前肢已特化成爲翼，外觀看起來與一般的哺乳類不同，而身體部位的名稱也不同。

體內的支架——骨骼

哺乳動物的形態隨著內部的骨架而有非常大的差異，構成骨架的骨頭數目也不一樣，大約在200至300塊之間，但基本上分成頭骨、脊柱、前後肢骨、胸廓和骨盤骨。蝙蝠的翼是由前肢骨（特別是指骨）形成像傘骨般的支架，將翼膜撐開，脾臼窩關節更可讓大腿靈活地反轉，而有利於雙翼的拍動。

結構精密的頭骨

對動物學家來說，頭骨是重要的分類依據；對一般民眾來說，可能也是最容易判斷出一付枯骨是屬於何種動物的部位。頭骨主要是由約

全身骨骼部位名稱

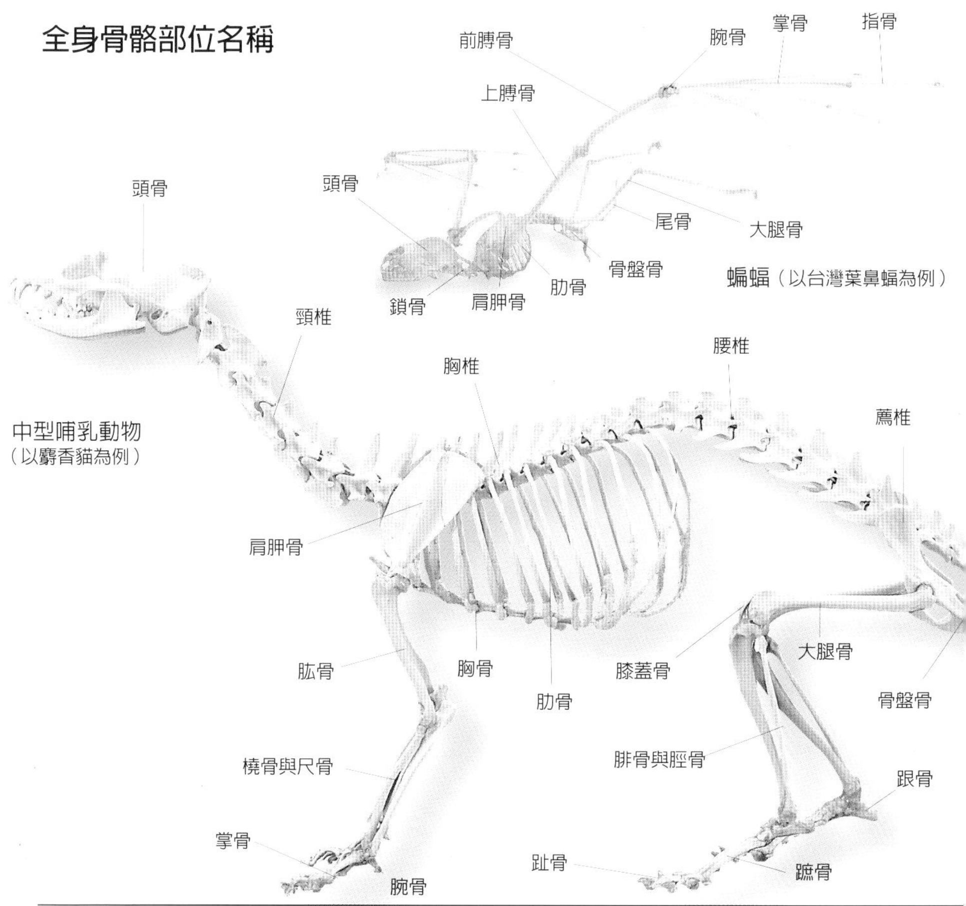

頭骨部位名稱

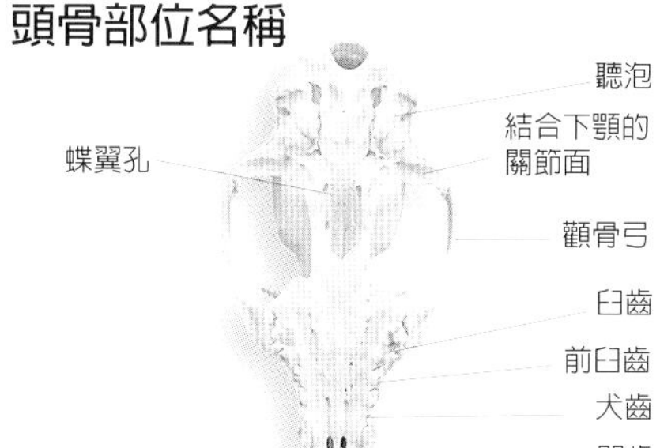

10片的頭顱骨和10片的顏面骨所組成，骨面的小洞是神經與血管的通道。

牙齒

牙齒是哺乳動物攝食的工具，除了穿山甲「無齒」之外，其他動物均有數目不等的牙齒，著生於上下顎骨，負責切斷、撕裂和磨碎食物。初生時的乳齒，齒數較少，而成長的過程中，漸次更換爲恆齒。依牙齒的型態，可分爲：門齒、犬齒、前臼齒和臼齒。

一般的門齒是用於切斷食物，但在鼠類與野兔則是用於啃咬，也因此而會不斷地磨損，所以這兩類動物的門齒會終生不斷向外長出。

犬齒的功能是撕裂，食肉目的動物犬齒較發達，除了攝食，也當做攻擊的武器，野豬的犬齒更是突出，稱爲獠牙，切面實心成三稜形，向外彎曲可長達十多公分，是可怕的武器。嚙齒類動物上下均無犬齒，而水鹿和山羊則是上顎無犬齒。

尾椎

前臼齒和臼齒的功能是咬碎以及磨細食物，哺乳動物的臼齒可分爲三種型式：

丘齒型：齒冠具有齒峰。食肉目、食蟲目、翼手目、靈長目及豬科的動物，臼齒都是屬於這種型態。

脊齒型：齒冠具有齒稜。嚙齒目和兔形目動物的臼齒，屬於此類型，而根據不同的齒稜花紋，可以做爲種類鑑別的依據。

月齒型：齒冠有新月狀凸起，偶蹄目中的各種草食動物，如鹿科、牛科動物都有月齒型臼齒。

脊齒型（大赤鼯鼠）　丘齒型（台灣黑熊）　月齒型（梅花鹿）

此外，由於同一種動物其恆齒的數目必定相同，所以依其數目及排列方式，可作爲分類依據，我們可以將單側恆齒的數目，依門齒到臼齒分上、下寫出，稱爲齒式，例如：白鼻心的齒式爲3142/3142。但是並非每一隻動物均能長出一口完

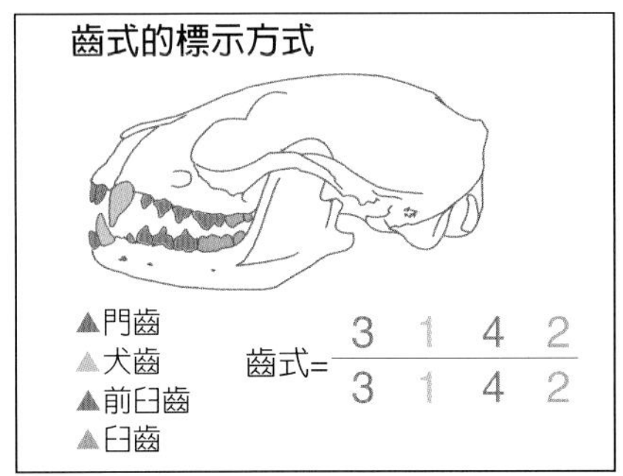

美無缺、排列整齊的好牙，所以也常見有零星的缺少或因打架斷裂、年老脫落，而使得牙齒數目有所差異的，這點尤需注意，不可因而影響種類的辨別。

台灣哺乳動物的源起

台灣島嶼曾與大陸華南地區相連，所以大部分的物種和華南地區相似，但自歷經了板塊運動而與華南分離後，上萬年的地理隔絕使得物種在這個環海的獨立島嶼上，漸漸地演化出一些特有的種類，不過在世界的動物分佈相關性劃分的區域中，仍與華南地區屬於同一個區系——東洋區中的「印中亞區」。

雖然台灣是個面積只有35,981平方公里的島嶼，但是島上的動物種類相當豐富，陸生哺乳動物已分類有78種（分別屬於8個目19個科），又由於島嶼四周環海獨立，其中約有19種為只有台灣才有的台灣特有種。

分佈區可到華南的種類：台灣野兔、長吻松鼠、條紋松鼠、刺鼠、赤背條鼠、巢鼠、鼬獾和山羌。

歐亞哺乳動物地理分佈區系圖

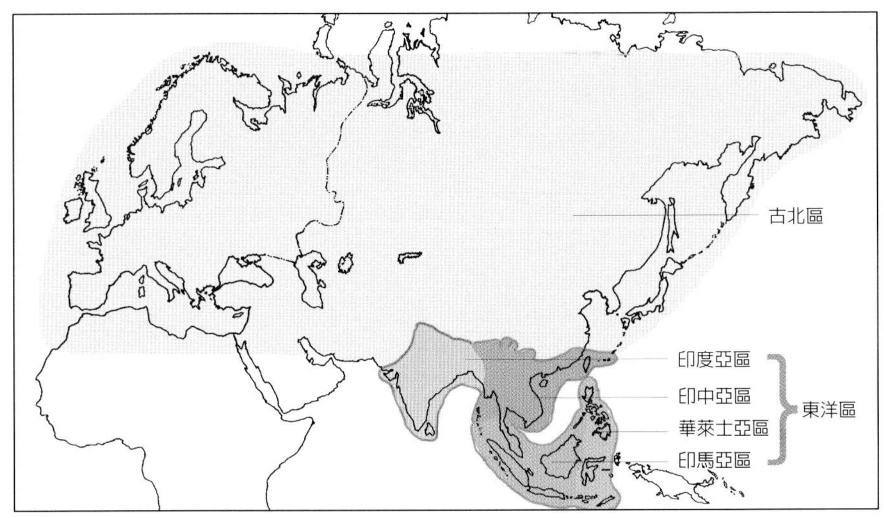

分佈區達中南半島的種類：雲豹、小鼯鼠、白面鼯鼠、赤腹松鼠、穿山甲、無尾葉鼻蝠、台灣葉鼻蝠、小黃腹鼠和山階氏鼩鼱。

分佈區達印度的種類：水鹿、食蟹獴、果仔狸、麝香貓、大赤鼯鼠、台灣大蹄鼻蝠、高頭蝠、鬼鼠、家鼷鼠、家鼠、台灣小麝鼩、台灣灰鼩鼱和臭鼩。

分佈區越過東洋區向北達中國東北、韓國、日本的種類：台灣鼴鼠、渡瀨氏鼠耳蝠、東亞家蝠、石虎、黃喉貂、黑熊、溝鼠、梅花鹿和台灣山羊。

分佈區更廣泛而達歐洲、亞洲各地區的種類：野豬、水獺、黃鼠狼和褶翅蝠。

日夜行性

爲了在有限的自然環境中做最有效的運用，生活在其間的動物也像學校一樣分成了日、夜間部，在同一棲地上會有日行性和夜行性的哺乳動物，分別在白天與黑夜出來活動。

清晨，隨著日出天色漸亮，鳥類開始覓食，在枝頭鳴唱、跳躍，蝴蝶也因花朵的開放而起舞。此時台灣獼猴會整群移動，邊走邊吃；食蟹獴也到了溪邊洗臉喝水；而松鼠正從巢中爬出，躍過一樹又一樹，找到當令的植物果腹。當太陽到了頭頂，大冠鷲便乘著正午的熱氣流上升，在山谷中盤旋，此時可能太熱了，大部分的鳥類和哺乳動物都會躲在樹蔭下，稍作休息或睡個午覺，等待近黃昏時的再次活躍覓食，然後直到日暮低垂才紛紛歸巢，結束一天的活動。

我們常以「萬籟俱寂」來形容黑夜的到來，這對人類和大多數爲日行性的鳥類來說可能比較恰當，事實上夜晚的自然界是非常熱鬧的，日行性鳥類讓出的領空開始由蝙蝠接管，在樹與樹間還有靜靜滑翔的鼯鼠，蛙類也跳上了石塊，開始與蟋蟀共奏黑夜交響曲，遠處還不時傳來貓頭鷹的「呼——呼——」聲。此刻鼠類與尖鼠類的小動物早已全部出洞，在森林底層活動，而多彩多姿的蛾類比起蝴蝶也毫不遜色。當然許多食蟲、食肉的動物也都靠著牠們在夜間特有的感官，依然能在伸手不見五指的黑暗中活動捕食。到了午夜，雖然沒有炙熱的太陽，但夜行性動物竟也會像日行性動物一樣略事休息，等到下半夜，在黎明之前再來一次活動的高峰，然後隨著竹雞「雞狗乖——雞狗乖」的報曉聲終止了一夜的活動。

即使是同一科的動物，也不一定

在同一個生態環境中，白天、夜晚不同時候會有不同的動物出現。

就表示牠們會在同一個時段內活動，最明顯的例子就是松鼠科的動物，台灣的三種松鼠是標準的日行性動物，而三種鼯鼠（飛鼠）則是典型的夜行性動物。此外，部份鼠類在秋末會有日夜都在活動的情形，而山羌、野豬和黃鼠狼等這些經常在夜間活動的動物，卻在白天也常有活動的記錄，不知這是否爲受人類驚擾而發生的情況。

多樣的生活環境

每一種動物都會依其個體大小、覓食方式、行動能力、繁殖需求以及對氣候的適應情形而找到一處適合自己的棲息地，然後在一定的範圍內建立起自己的領域或家園，除非是季節性的遷移，否則不會有太

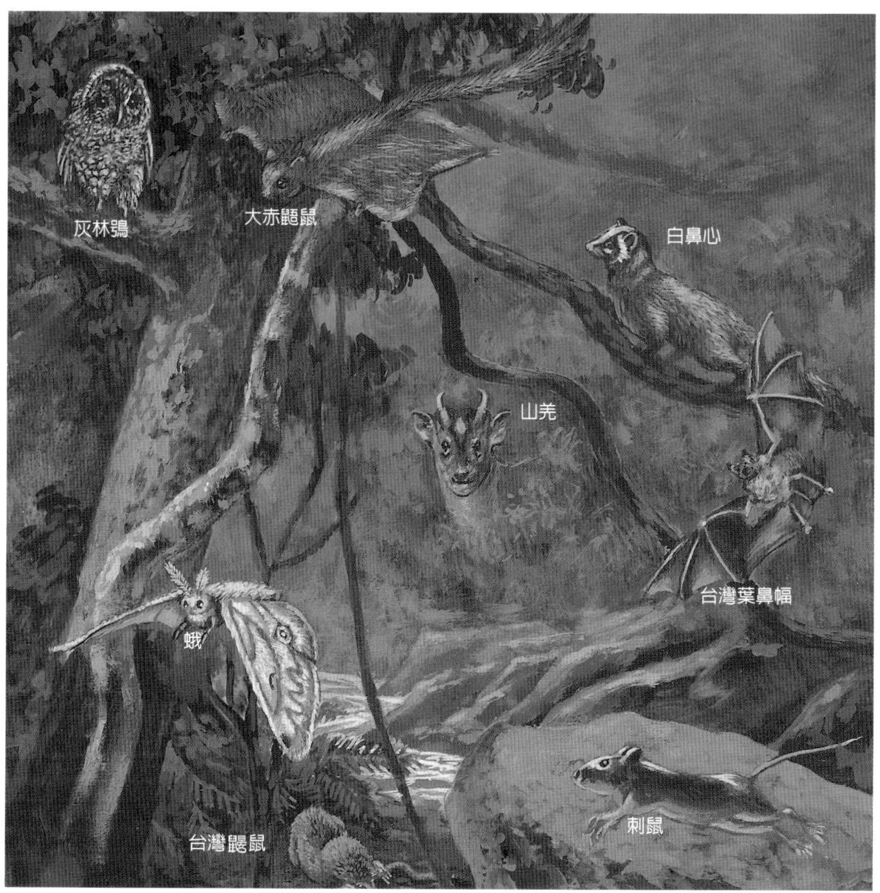

大的改變。

從另一個角度來看，棲息地的生態環境越複雜，就越能提供各種不同需求的動物在那裡生活，這也就是爲什麼森林裡的物種比草原多的原因。此外，動物本身也喜歡生活在兩種環境交界的地方，像森林邊緣與草原相接的地帶就是哺乳動物常出沒的地方。以鹿類動物來說，牠們就常到水草豐沛的草地進食，一有動靜就躲入密林中，這對攻擊能力不足的牠們而言，選擇這樣的棲息地便是逃避敵害的好方法。

低海拔區的生活環境

從海岸到海拔500公尺之間爲低海拔區，此範圍內的植被除了海岸植物和潮間帶濕地的紅樹林外，全區大部分都是亞熱帶闊葉林，不過這個區間內的環境已被全面開發，並從早期的農業用地迅速改變成建築

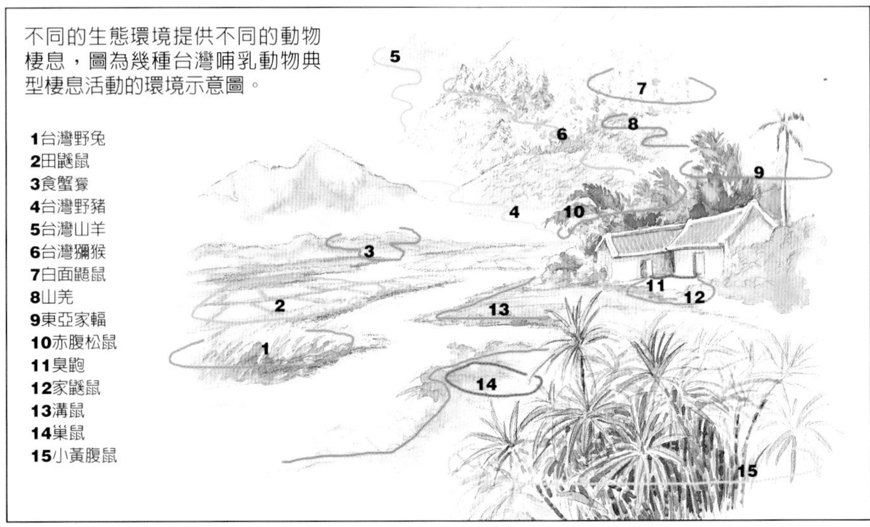

不同的生態環境提供不同的動物棲息，圖為幾種台灣哺乳動物典型棲息活動的環境示意圖。

低海拔地區，像這樣散生著桫欏的林地恐怕只有在國家公園和保安林內，以及地勢較陡峭而開發不易的地方才可見了。

及工業用地，少數的防風林及山坡保留地也都是次生林或人造林，人類主要的聚落——都市與鄉村都在這個區間內。在都市中，雖然一般人認爲已經沒有野生哺乳動物，但是下水道內的褐鼠，舊房子裡的家鼠、家鼷鼠、臭鼩，木造房屋縫隙內的蝙蝠，以及都市綠地中的赤腹松鼠，這些都是能適應都市生活的哺乳動物。至於鄉村及農業用地，無論是水田、旱作地、新墾地、果園、菜園或是牧場、畜舍和倉庫等都是鼠類活躍的地方，另外在河岸、土坡附近也會有野兔的出沒，屋簷、屋樑間更有多種蝙蝠躲藏。

中海拔的生存環境

從海拔500公尺到2000公尺之間爲中海拔區，此區的植被是常綠闊葉樹林，林中樟科、桑科及殼斗科的植物種類繁多，再加上攀爬其間的蔓藤及底層的許多蕨類，這些植物

中海拔地區是台灣哺乳動物主要的家園。

隨著四季的變化而產生的嫩芽、漿果和核果提供了哺乳動物豐富的食物，所以此區也是台灣陸生哺乳動物最重要的地域，可是近年來此區內的環境遭遇了最多的改變，所謂的高山茶園、高冷蔬菜區、高山果園等面積不斷地擴大，而大量使用的殺蟲劑，經過土壤的滲透也在溪流中匯集，這些情況對動物的生存都有直接的影響。哺乳動物中，貂科、靈貓科及貓科動物乃以中海拔區為主要棲息地，當然牠們所賴以為生的鼠類、松鼠、鼯鼠，在此區域中也相當活躍。

高海拔地區動物的種類不如中低海拔來得多。

高海拔的生存環境

海拔2000公尺以上的區域為高海拔區，此區的開發利用較少，大致上還可維持自然的風貌。從2000至3000公尺有紅檜和扁柏的純林，以及台灣松與闊葉樹一起生長的混生林；3000至3600公尺是由冷杉、雲杉、鐵杉和玉山圓柏所構成的常綠針葉樹林。這些林地內是台灣黑熊、水鹿、台灣山羊、森鼠和白面鼯鼠活躍的地方。而在高山草原內

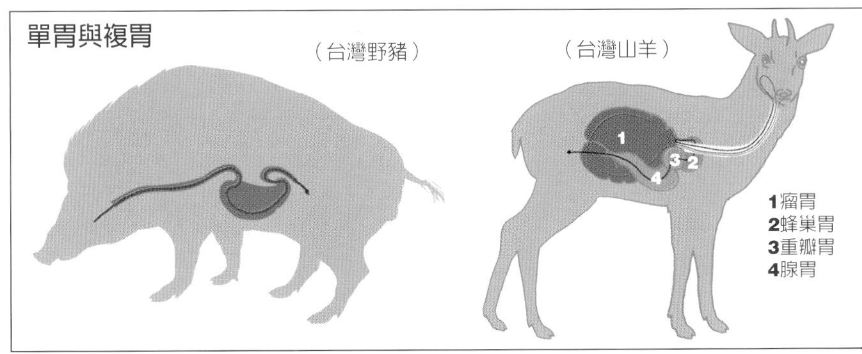

則有黑腹絨鼠、高山田鼠和牠們的捕食者黃鼠狼。3600公尺以上的地區被雪覆蓋的時間較長且植物相單純，有些只剩光禿的石礫，所以除了台灣山羊會在有嫩芽的季節上去覓食之外，其他動物則較少出現。

哺乳動物的食物

哺乳動物在嬰兒時期都是吃母親的乳汁，當成長到能自行覓食的時候，吃的東西就各有不同。食性的不同也反映在牙齒和消化系統的構造不同，以吃草的動物來說，爲了要消化大量的植物纖維，所以胃部若爲單一囊袋狀「單胃」的哺乳動物，牠們的盲腸就特別發達，盲腸內有大量的細菌可以幫助消化植物纖維；另一類型的動物，牠們除了有盲腸可幫助消化之外，胃部更爲多囊袋的「複胃」，再加上具有可以將食物自胃回流到口中慢慢咀嚼的「反芻」能力，而能吃些粗糙的植物纖維。

以植物爲主食

吃葉、芽的哺乳動物，依所吃的植物纖維粗糙或細嫩程度，大致可分爲以下三種。

嫩食者：以嫩葉、幼芽爲食。這類動物包括了單胃而盲腸發達的野兔、鼯鼠。山羌雖然有複胃，但因個體嬌小，複胃的構造比牛羊簡單，所以也以嫩葉爲食。

中間型食者：吃粗與嫩之間的植物莖葉。包括水鹿、梅花鹿和台灣山羊等，這些都是複胃的動物。

粗食者：吃老莖或乾草。台灣的野生動物都不是粗食者，只有家畜中的黃牛才吃粗糙的植物或乾草。

此外，吃果實、種子的哺乳動物，依所吃的果實軟硬程度又可分爲兩種。

吃漿果的動物：多半只咬開果皮，吸舔汁液，不一定會吞下果肉。犬齒尖、舌頭長的狐蝠最適合吃漿果。

吃堅果、核果的動物：想要咬開

堅硬的外殼，必然要有尖銳而有力的門牙，嚙齒類的松鼠正好具有這種能力。

以動物爲主食

吃昆蟲的哺乳動物：

❶以空中的飛蟲爲食：想要捕捉飛蟲，自己當然也要有很好的飛行能力，這是蝙蝠類特有的專長。

❷以地下的蠕蟲爲食：想要吃到地下的蠕蟲，必須具備像鼬獾一樣的刨土能力，要不然就得像鼴鼠能用特殊的手掌挖地道，進入地下坑道用餐。

❸只吃蟻類：穿山甲只吃蟻類，牠尖長的前爪讓牠能爬樹吃舉尾蟻，也能撥開爛樹幹吃白蟻，更能挖掘洞穴到地洞中吃螞蟻。

吃螺類、蝸牛的哺乳動物：

食蟹獴、鼬獾是吃螺類和蝸牛的高手，牠們的吻部突出可以咬破硬殼，而食蟹獴更有向後扔擲食物的特殊技巧，可以將較大而咬不破的蝸牛殼敲開。

吃蚯蚓的哺乳動物：

鼴鼠在地道中挖掘，鼬獾從地面上翻找，就算蚯蚓會縮入洞中，也難逃被這些動物拖出來的噩運。

吃脊椎動物的哺乳類：

❶會潛水的水獺，可以在水中捕魚爲食。

❷身體柔軟的黃鼠狼，會擠入鼠洞獵捕鼠類。

❸群體獵捕的黃喉貂，可以獵殺體型比牠們大的山羌。

❹在樹上等待、猛然撲下的雲豹更可以捕捉梅花鹿。

雜食性哺乳動物

吃草的山羊，若無意間吞下一隻昆蟲，不能認爲牠是雜食性的動物；石虎經常會啃幾根草幫助消化，仍然不能說牠是雜食的動物。但若像台灣黑熊，不但以大量的堅果爲食，又會捕食其他的脊椎動物或昆蟲，那麼就可以將牠列入雜食

從牙齒看動物的食性

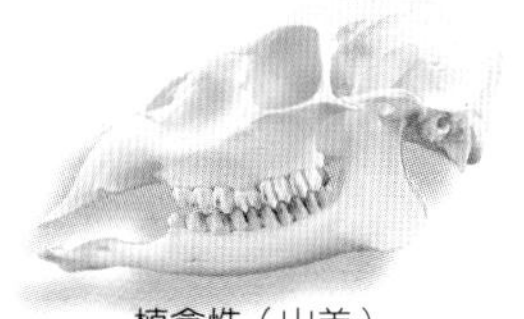

植食性（山羌）
臼齒面平而粗糙

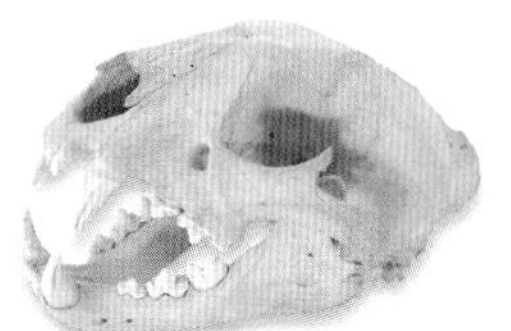

肉食性（雲豹）
臼齒尖銳、犬齒發達

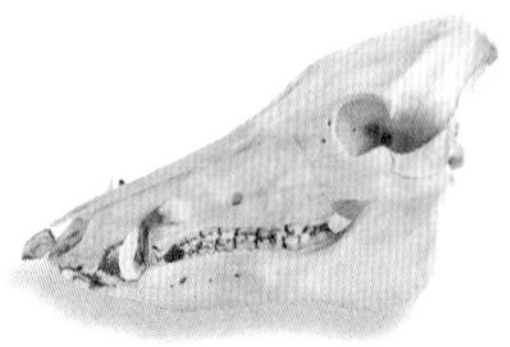

雜食性（台灣野豬）
犬齒發達、臼齒平鈍

性的動物。其他如野豬、白鼻心和許多鼠類也都是雜食性的動物。不過這些雜食性動物的食物中動植物的比例與種類也會有相當程度的不同，例如台灣獼猴大多以素食爲主，麝香貓則以動物性食物爲主。

新生兒的型態

哺乳動物胎兒的發育與成長有兩種類型。第一種是早熟型的胎兒，牠們一出胎衣，眼睛就能張開，當濕答答的胎毛被母獸舔乾之後，馬上就能行動，偶蹄類中如野豬、山羌、水鹿和台灣山羊的幼兒，都是屬於這一類，這些動物的母獸並無挖洞藏匿的能力，通常只在岩石下、岩縫間或巨大的枯木洞中生產，產後又要能很快地轉移棲地，以躲避天敵的攻擊並找尋足夠的食物。

第二種是晚熟型的胎兒，牠們出生時眼睛和耳孔都未張開，必須由母獸哺乳一段時間之後才能打開。食肉目的胎兒出生時身上已經有胎毛，而食蟲目和囓齒目的胎兒出生時連毛都沒有，全身光禿禿的，只有泛紅的皮膚，這類型的動物多數都會挖洞或利用其他動物的洞穴，在洞中母獸餵養胎兒到可以自行活動之後，才會帶出洞來教育謀生的技能。

此外，幼兒離乳的時間隨物種不同也有很大的差異，小型的哺乳類只要數週，中大型的則需數個月，離乳後幼獸常跟在母獸身旁活動，直到體型接近成年時才自行謀生，而群居的哺乳類則依該種動物的社會結構適時加入群體行動。在此，特別要提醒讀者的是，從生產、哺乳到育幼期間的母獸，爲了保護子女會特別的凶猛，必須注意以免遭受攻擊。

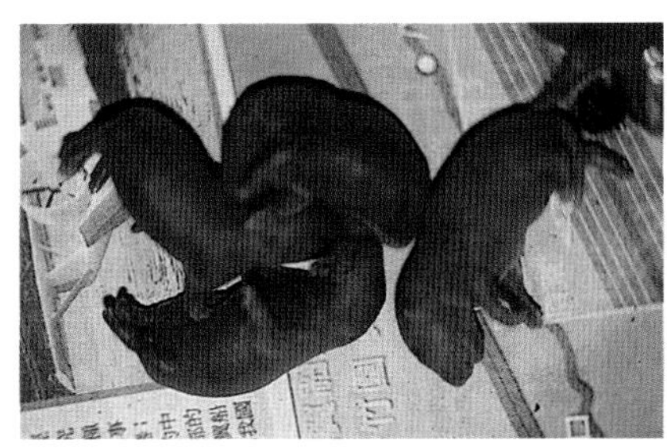

溝鼠的幼兒是晚熟兒 。

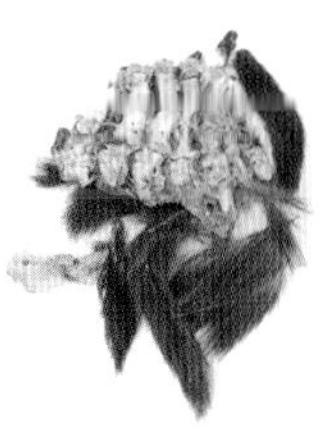

第二章

野外觀察與記錄

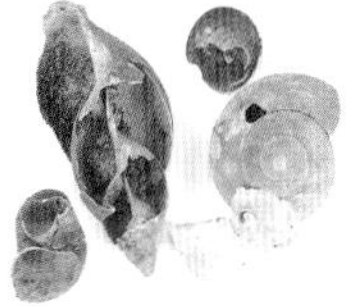

動物的追蹤與辨識

泥地上有許多動物踩踏後留下的腳印，你能辨認出幾種？

哺乳動物中除了台灣獼猴和松鼠類是在白天活動，我們較有機會欣賞牠們活潑可愛的身影之外，其他的哺乳類多數爲夜行性動物，夜晚活動的情形鮮少能觀察得到（僅少數如東亞家蝠，我們很容易在街燈下看到）。然而經過夜晚的覓食和行動，往往會留下許多可供辨認的痕跡。當我們進行野外觀察，探尋這些哺乳動物留下的蹤跡，就像偵探辦案一般，充滿了神祕與挑戰性，若能養成敏銳的觀察力並結合豐富的動物知識，就不難勾勒出曾發生在自然環境中的故事，一旦能解讀這些訊息，必然使得生態之旅憑添許多樂趣。

不論白天或是晚上，當我們置身原野山林，便可以運用各種感官體驗周遭的一切，包括用眼睛的觀察、鼻子的嗅聞、耳朵的聆聽和雙手的觸摸等來感受這美好的大自然。觀察哺乳動物除了親眼目睹之外，也可能聽到牠們的叫聲，例如山羌吠叫、大赤鼯鼠的嘶鳴。而草食、肉食和蟲食性動物也都會留下

表示哺乳動物大小的方式

為了記錄動物的大小、高矮，常以體長、尾長、後腳長和耳長等長度來表示。對於大型哺乳動物的外型測量，則還有肩高、臀高、胸圍和腰圍等表示方式。

體長：包括了頭和身體，從鼻尖量到尾基部。

尾長：從尾基部量到尾尖脊椎骨末端，但不包括尾毛的長度。

後腳長：從趾端到腳跟的長度。

耳長：從外耳基部到耳尖端，也不包含毛的長度。

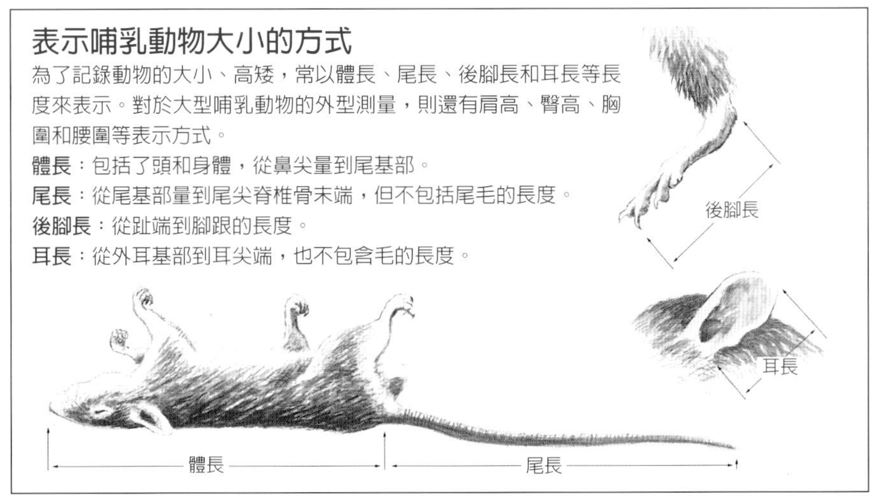

野外觀察裝備

觀察哺乳動物生態，其實在一般自然旅遊時都能進行，所以一般以輕便的休閒穿著即可，但若要進一步的進入人跡罕至的山區，則需有齊全的登山裝備，並做好行前規劃再行出發。

此外，夜間觀察還需要一些協助的光源或超音波接收的器材。

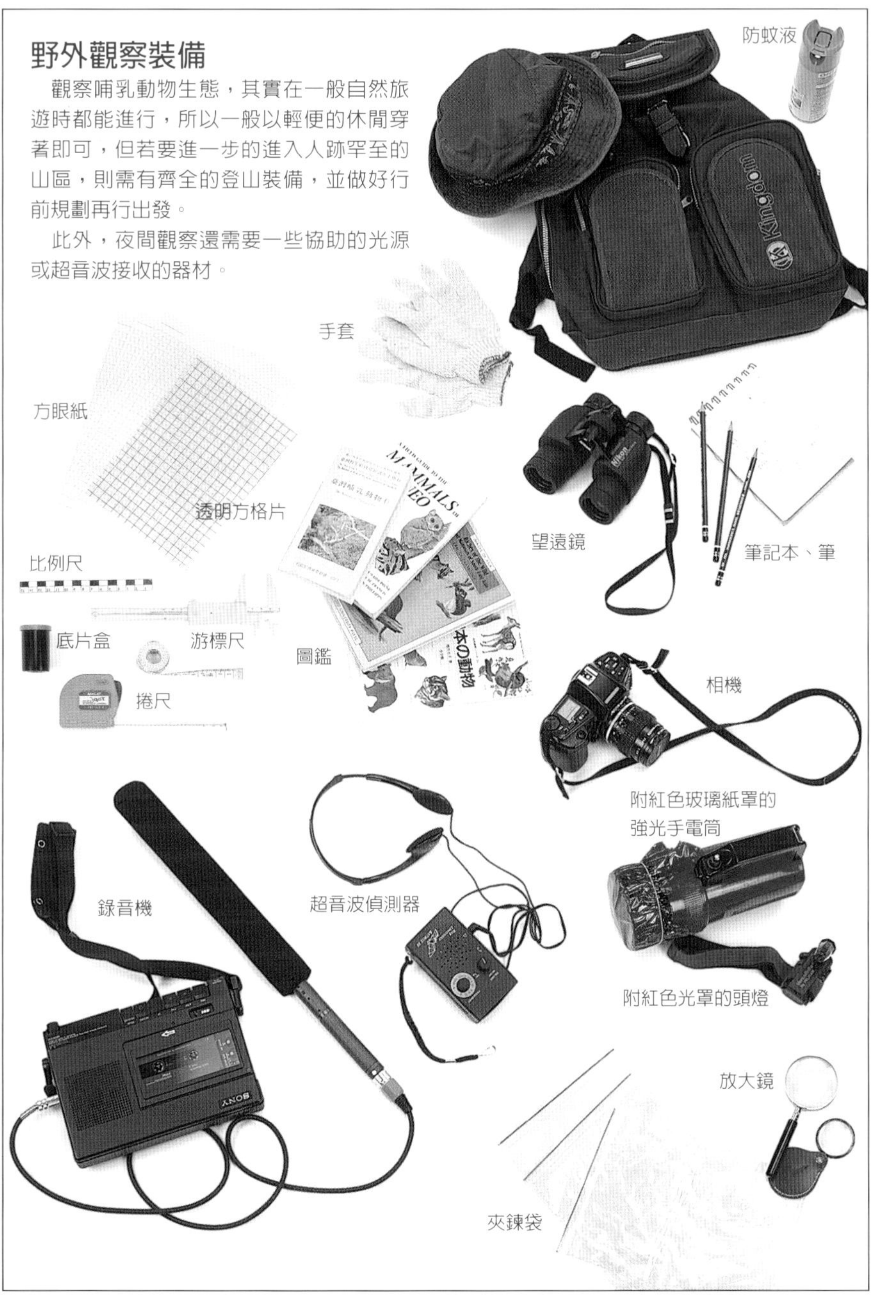

一些食痕或食餘；為了磨爪磨牙，會留下啃抓的痕跡；磨角擦背和標示領域，會在樹幹或岩石上留下光滑的磨痕；樹洞、土洞、岩洞和自行建造的巢穴，都會是牠們休息或繁殖的家；在動物的行徑和水邊泥砂地，常可見到哺乳動物的足跡；還有成粒或成條狀的糞便，也會在牠們活動的區域內被發現；死亡後呈不同腐敗程度的屍骨碎片，也是動物生存的證據……。這麼多種的動物蹤跡，只要細心觀察，不難在身邊的自然環境中發現，若能進一步將附近許多不同的蹤跡結合，便可能推測出哪種哺乳動物於何時來過，來做什麼，這將是另一種新的自然體驗。

足跡的觀察

當動物走過泥濘地、砂地或雪地時，常會留下牠們的足跡，從腳印

哺乳類後腳的行走方式

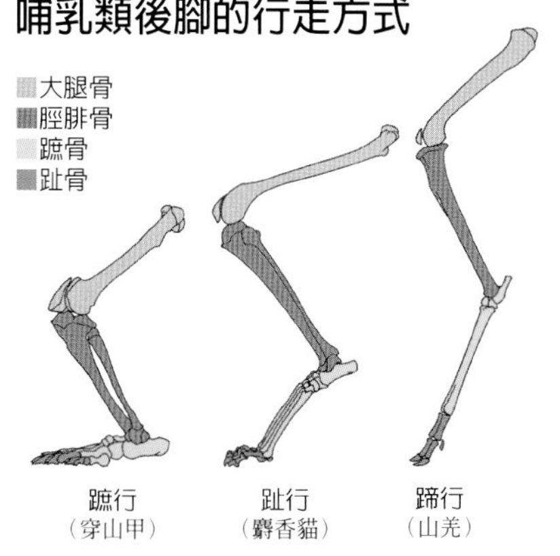

腳底各部位名稱

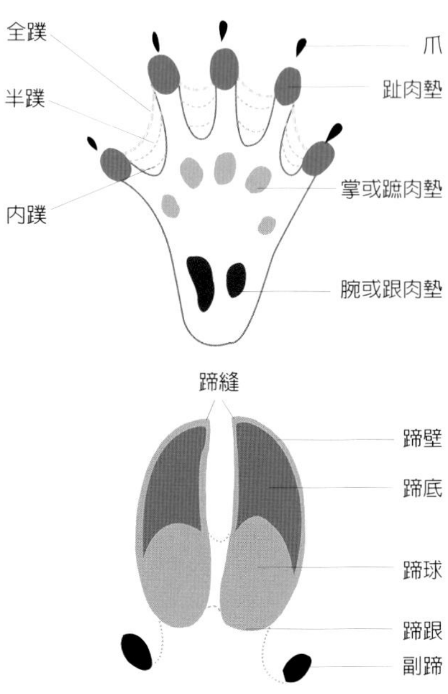

的大小、形狀和前進路線上的步態及步間距離，可以推測出是何種動物曾經走過或停留覓食。但是同種動物間亦因年齡、性別而有所不同，其踩踏的力量及地面軟硬度也會造成腳印形狀上的差異，因此在判讀時應考慮各種狀況客觀地推測。根據筆者長久的經驗，早晨或午後太陽斜射的時候最容易因為有明顯的陰影而使腳印清晰浮現。

台灣哺乳類動物在地上留下的足跡，最明顯的區別就在於有沒有蹄子，偶蹄類動物可以明顯的看到蹄印；而其他的哺乳動物則為腳趾、腳掌上肉墊所留下的印子，少數爪

較長的動物還會在趾前留有爪印。

蹄印：除了家畜中的馬以外，台灣並沒有奇蹄類的野生動物。所以野外只能發現蹄子成對的偶蹄類動物，這類動物前後肢各腳均爲四趾，趾端有蹄，而第一趾已完全退化，各肢主軸通過較長的3、4趾之間，2、5趾退化變得較小而長在主蹄的後上方，稱爲「副蹄」或「懸蹄」。鹿和山羊多半只有主蹄著地，而野豬的副蹄較低，通常會留下較淺的痕跡。主蹄前端蹄尖的部分會陷入土中較深，蹄跟部較淺，形狀像一對求籤用的「筊杯」。

掌印：除了偶蹄類和蝙蝠之外，台灣的哺乳動物都是以腳掌著地行走，掌中有大小、數目和排列方式各不相同的肉墊，但通常在整個腳印中可能只看得到腳掌的輪廓，只有少數在細緻的泥地上才能顯現肉

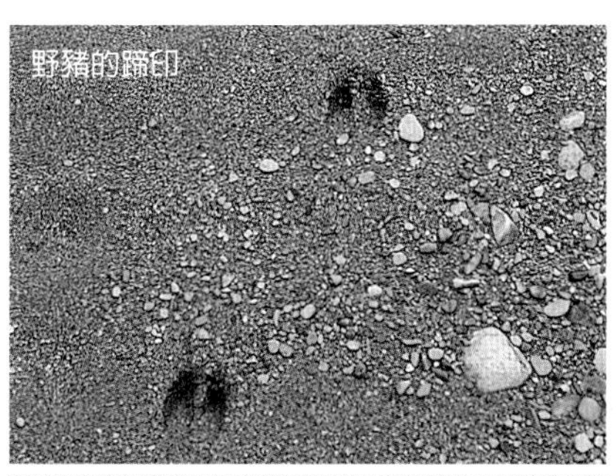
野豬的蹄印

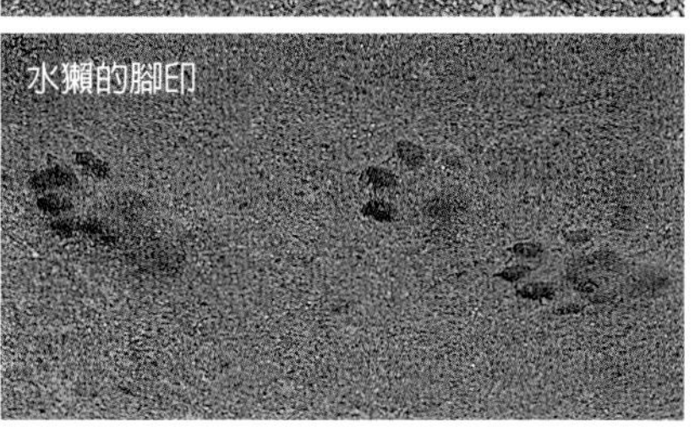
水獺的腳印

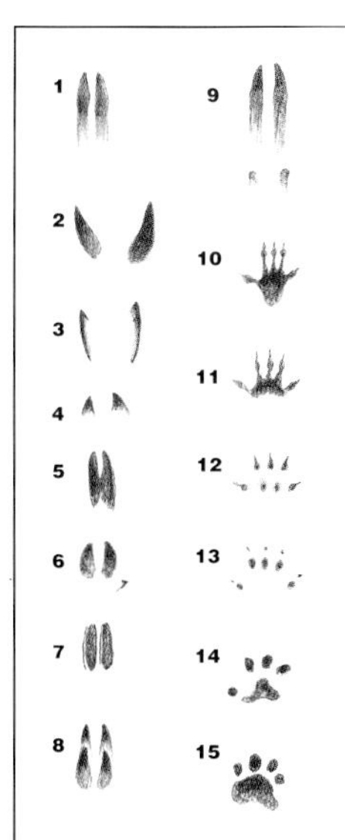

各種情況下的足跡變化

1.兩個蹄葉均向前滑動，水鹿常出現這種情形。
2.跳躍、跑步時因重力踩地，兩蹄葉叉開成八字形。
3.地面較硬又有碎石子，使得留下的足跡只看得到蹄外緣。
4.幼獸重量輕，常只留下蹄尖的印子。
5.軟泥中因蹄從凹陷處拔出時，兩側向中間塌陷，造成兩個蹄葉重疊。
6.地面不平、踩踏力量不平均，都會使一側副蹄沒有出現印痕。
7.慢步時常出現前後蹄印完全重疊的情況。
8.慢步時常出現前後蹄印部分重疊的情況。
9.在陡坡上可見蹄葉有較多的下滑情況，而副蹄印留在較高處。
10.在軟泥上可以見到完全的掌印。
11.行動速度較快或腳底後半部剛好有石子時，會呈現不完全的掌印。
12.在較硬的地面只留下有掌墊的掌印。
13.地面較硬及步行的速度快時，會只留下趾墊的趾印。
14.受傷癒合之後使腳掌畸型。
15.發炎腫脹使掌印變寬。

❶雪地是哺乳動物非常容易留下腳印的地方，而狗的腳印更是從人行道上的水泥地到高山地區都非常易見。
❷放養的家畜也常在田野留下足跡，像這麼大的腳印應該是水牛所留下的。
❸圖中有大小不同的鳥類腳印，而連續點狀的則是螃蟹的腳印。
❹家貓的腳印與石虎幾乎一模一樣，只有根據周圍的環境來推知可能是誰來過了。

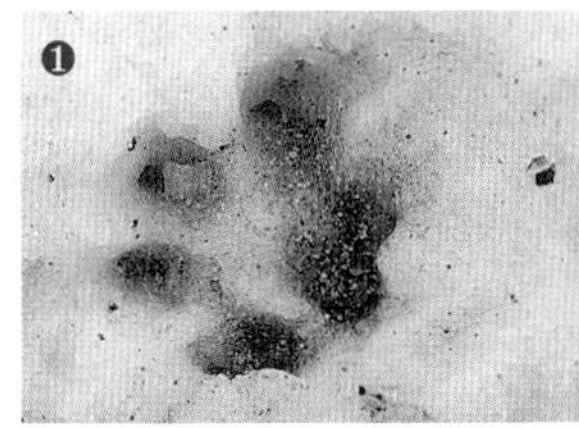
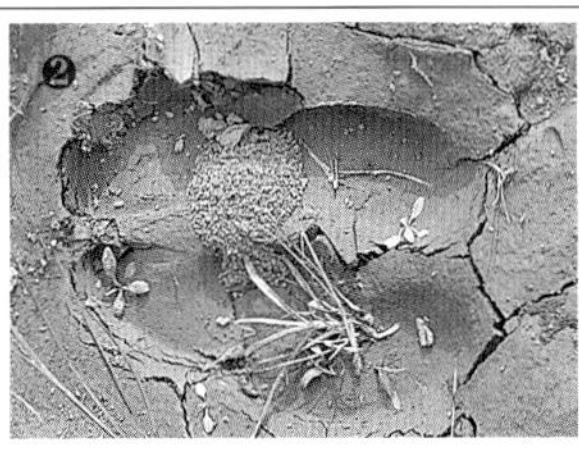
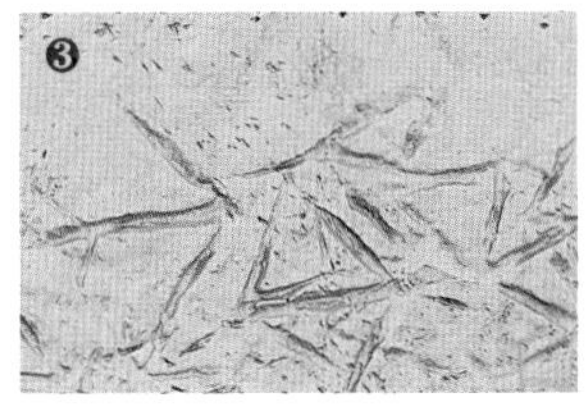

墊的痕跡。此外，部份趾間有蹼的動物，在足跡上是可以看得出來的；而只有長爪且不會收爪的動物才會留下爪的印痕。

另外，後腳的行走方式，依其跗蹠部會不會著地，而分為只有趾部著地的趾行和跗蹠部完全著地的蹠行，另有介於這兩者之間的半蹠行。少數動物會踮著後腳走路，因而即使同一種動物也會呈現兩種以上不同形狀和長度的腳印留在地上。

足跡的記錄

在筆記本上直接描繪足跡是最方便的方法，若擔心比例不夠正確，可以在腳印上放一張印有1公分見方黑格子的透明塑膠片，再依格子下見到的尺寸，縮小比例畫在方眼紙上，這樣就可以更精確畫出足跡。

腳印大小的測量

想要從單個腳印分辨出是何種動物所留下的足跡，除非有明顯可供辨認的特徵，否則較為困難，若配合周圍環境的狀況及其他蹤跡一起判讀，則較能準確推知動物的種類。腳印的大小是最優先的考量，

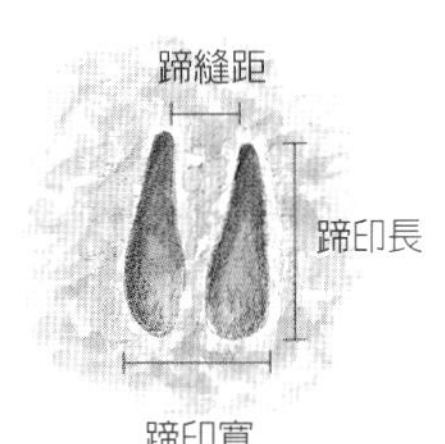

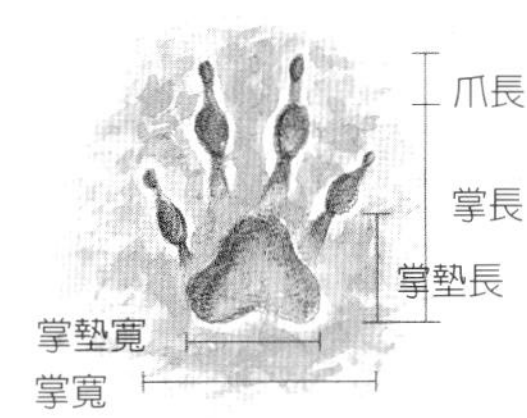

再依形狀查閱本書中的模式腳印，應該可以看出端倪。

測量時先用尺或游標尺分別量腳印的長與寬，蹄長應各別量出包含副蹄與不含副蹄的長度；蹄寬是量主蹄的兩側外緣最寬的地方；蹄縫寬是兩蹄尖之間的距離。掌長應分別測量含爪和不含爪的長度；掌寬是指外側兩趾外緣之間的距離。

用攝影的方式記錄

事先做好有刻度的比例尺，放在腳印旁拍攝，這樣便可直接表示出腳印的大小。拍攝時機最好是在晨昏太陽斜照有陰影的情況下，用閃光燈時要打側光，日正當中或閃光燈直射，會使腳印沒有陰影而失去了立體的感覺，並使輪廓不夠清楚。

製作腳印石膏模型

雖然石膏粉重量不輕，攜帶並不容易，但做好的模型卻可以長久保存，並可再次翻製成和地面一樣的腳印。

⊙準備的工具與材料：

石膏粉、塑膠圍片、盛水用的塑膠袋、紗布塊、小刷子。

⊙製作程序：

❶選擇較完整的腳印，在周圍用塑膠圍片圍好。

❷用塑膠袋盛些水，加入石膏粉，比例約為1比1。將調和均勻的石膏漿從不傷及腳印的邊緣緩緩灌入圍片中，周圍如有滲漏，立即用土填塞縫隙。

❸大約30分鐘之後，石膏從發熱再冷卻時就會變硬。去除圍片，輕輕

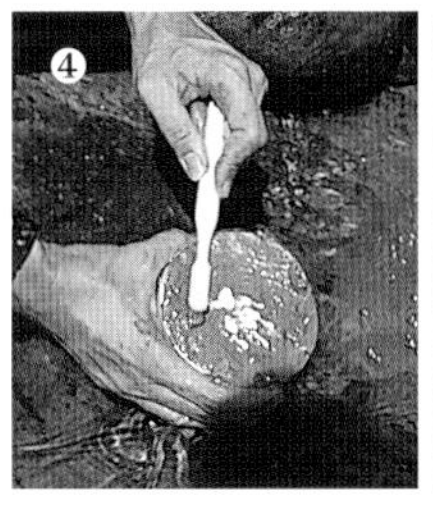

搖動已硬結的石膏塊，鬆動後即可順利取出。

❹在溪水中用小刷子將砂土刷除，露出明顯的腳印，

❺以報紙一個個包裝好帶回家曬乾。回家後再用石膏、石蠟、矽膠或樹脂翻回原來在地上所呈現的腳印，永久收藏。

⊙**注意事項**

❶在乾砂上及碎石區的腳印不容易拓製，還是以黏性高的泥地上的腳印最適合。較大的拓印，可以覆上一層紗布，再灌些石膏漿，使成形的石膏模更爲強化。

❷積水的泥坑中若有完整的腳印，只要將腳印圍起來，再輕輕的自水面撒下乾石膏粉，漸漸填滿腳印，如此製作出的石膏模品質還不錯，只是硬結的時間需要2小時以上。

❸拓模的過程不要讓石膏殘屑留在現場，務必恢復原有的自然原貌。石膏模在剛做好時因富含水分所以較重，雖用報紙包裝仍然會使一些尖細的突起崩落，所以也可以不先洗去全部的泥砂，而是連泥砂一起帶回後再行清理。

步態的觀察

從許多連續的腳印，可以看出動物前進的路線，而在這條路線上，依腳印的位置，亦可以分析出該動物是以何種行動方式通過，這些因不同的行動方式而在地上留下的不同腳印稱爲「步態」。配合單一的腳印形狀，再加上部份動物會有特殊的步態，往往更能確定是什麼動

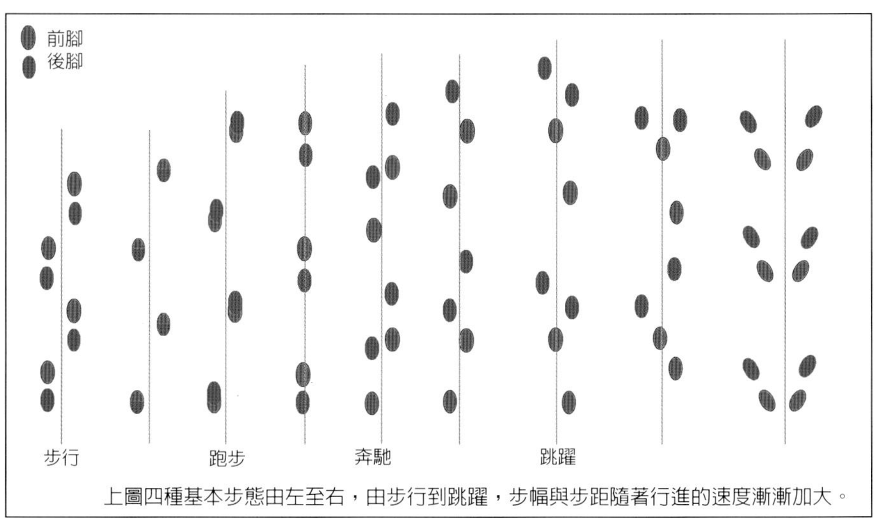

上圖四種基本步態由左至右，由步行到跳躍，步幅與步距隨著行進的速度漸漸加大。

從留下的步態可以看出台灣野兔以躍進的方式經過廢耕地。

物走過。

步態依行動的快慢、步伐的大小、四腳交替落地的方式而有不同，大致可分出慢步、快步、奔馳和跳躍，最基本的步態需要前後左右各一的一組腳印來進行判斷，若是能有連續的好幾組腳印，那就可以量出步幅等有助於判斷動物體大小的數據。

❶步行：動物步行前進時一次只舉一腳，也只踏在地上一腳，但並不是同時，前後腳之間的步幅短，左右腳之間的步寬大，前後腳印靠近或重疊，腳印的深度完整而明顯。通常當草食動物從容轉換吃草的地方或石虎等悠遊於林間時都是以步行的步態行走。

❷跑步：當步伐增快時，兩腳會同時舉起（如：右前腳和左後腳），此時步幅加大，但步寬反而可能變窄，那是因爲快速前進時爲了不要一直右左搖擺而改變身體的重心，所以將左右腳都移向身體的中央重心位置。此時留下的腳印深但不完全，有時還會變形。其中有蹄類的動物因著地的力量增加，兩蹄葉會叉開。食肉目的動物也常使用這種步態。

❸奔馳：這種步態速度更快，四肢會同時騰空，留下的腳印並不規則，且步幅間的距離不同，通常相近的一組腳印中，後腳印反而在前腳印之前。躍起時通常以前腳施力，腳印很深且明顯。水鹿、台灣山羊會使用這種步態。

❹跳躍：包括伏低身體、弓起背脊地跳起來以及如兔子般的蹦跳，前後腳印爲兩兩相對且靠近或重疊。鼯鼠在滑行前的動作就是標準的跳躍；野兔主要的行動方式也是跳躍，但左右前腳會成前後排列，這也是爲了將身體的重心移至中線，以便保持身體的平衡之故。

步態的記錄

雖然我們可以用攝影的方式拍下

步態的記錄

步距：同一腳前後兩次踩在地上的距離。
步幅：左右側的前或後腳前進一步之間的距離。
步長：同側前後腳在一步之間的距離。
步寬：左右腳外緣到前進線中央距離的和。
前進方向：從數個腳印的腳尖方向可以看出動物前進的方向。
腳印角度：腳掌可能在走路時呈外八字或內八字形，所以腳掌中央線與前進路線會形成角度。

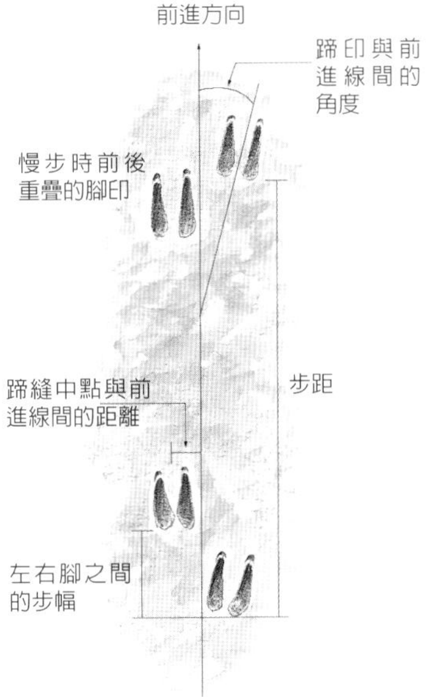

一連串的腳印，但因景深的緣故，無法完整地表示出一步與一步之間的距離與關係，所以觀察者還是以描繪的方式記錄比較好，但若是每一個腳印都要仔細描繪則較費時間，若能將腳印的形態以簡單的符號表示，再將各腳印間的距離與中央前進線的角度標上，則容易多了。

腳印形態的簡單符號

符號說明	符號說明
前腳完整的腳印	左前腳
後腳完整的腳印	右前腳
未完全著地的腳印	左後腳
前後腳完全重疊的腳印	右後腳
側緣重疊的腳印	前進的方向
前後緣重疊的腳印	
缺少應出現的腳印記號	

獸徑的觀察

台灣山羊會利用光禿禿的碎石坡直上直下，台灣獼猴會利用岩壁行走；有時甚至整群從陡峭的岩石上像溜滑梯一般地溜下；白鼻心喜歡循著乾河床行走、山羌在林木整片的蕨葉叢中走出明顯的路徑，所經之處橫木上的青苔都會被踩平或踢光；溝鼠會在河岸草地上往返覓食，構成四通八達的通路，只要是

濃密的芒草下有一條明顯的獸徑，竹雞、鼠類和小型食肉目動物都可能利用它作為通道。

常常走動的地方，草會略微乾枯，便可明顯地看出有一條獸徑。

當高矮不同的哺乳動物在灌叢、芒叢、草叢和枯葉層中穿梭時，會使得兩旁的葉片略顯枯黃，而且在時常通過的路徑形成了植物隧道，這些隧道往往橫跨在登山步道的兩側，在這樣的十字路口我們可以清楚看到獸徑的出口。

記錄獸徑時可以拍照或繪出植物，並量出隧道口的高和寬，這對判斷是什麼動物使用的獸徑有很大的幫助。

食餘與食痕的觀察

食痕多數是指仍在生長的植物根、莖、葉、花和果被啃食之後的痕跡。雖然很多被啃噬的殘莖、葉

❶從植物葉片被啃咬的高度及咬斷的痕跡可以推測是誰來用過餐，圖為台灣山羊的食痕。
❷動物吃剩下的殘屑我們稱之為食餘，靠食餘上的牙痕也能判斷是那種動物吃的。
❸同一種果實可能是很多動物的美食，但依吃法不同，殘屑也不一樣，圖中為松鼠吃過的柑橘。

常見的動物食餘
鞘翅目昆蟲的甲殼
（蝙蝠）
蟹螯、甲殼
（溝鼠或食肉目動物）
螺、蝸牛的空殼
（鼠類、鼬獾）
蝶、蛾的翅膀
（蝙蝠）
鳥類的羽毛和殘骸
（食肉目動物）
獸類的毛和殘骸
（食肉目動物）
核果的種子
（松鼠和飛鼠）
山胡桃
（松鼠和飛鼠）
松毬
（松鼠和飛鼠）
殼斗科植物的果實
（松鼠和飛鼠）

柄都是由毛蟲或蝗蟲等昆蟲所造成，但像是被啃斷一半芽尖的兩耳草，低矮枝幹被吃得葉片全禿的桑樹，以及被環狀啃食的鳥巢蕨，這些都可以推斷分別是被野兔、山羌和山羊啃食後的痕跡。

食餘指的是動物吃剩下來的殘渣，包括果殼、殘骸、空螺殼、蟹腳和沾有血跡的羽毛等。在台灣獼猴經過的地方，常可見到被摘下卻只嚐了一兩口的果實；而聚集了許多空蝸牛殼的地方可能是鼬獾的餐廳；河岸邊成堆的蟹殼、蟹腳也可能是溝鼠的傑作；一堆骨肉全無的羽毛必然是肉食動物幹的好事；冬末，殼斗科植物的成熟果實被松鼠一顆顆地啃破後，吃掉中間的果仁，在堅硬的果殼上也會留下明顯的牙痕。

由於許多食物是獸類與鳥類共同採食的物種，所以當看到食餘的同時，最好仔細觀察周圍有沒有其他痕跡，以便提供進一步的判讀，否則便無法輕易地認定是誰在此用過餐。如果想要請專業的人士協助判斷，可以將食餘拍照之後，撿拾一兩根羽毛或幾顆空殼，放入夾鍊袋中帶回，請求鑑定。

松鼠及鼠類常會將過多的食物藏起來，等到食物缺乏時再取出食用，我們稱之爲「貯食」。事實上貯食行爲也有程度上的不同，以赤腹松鼠來說，牠是隨地掩埋，將多的堅果一一埋在不同的地方；而條紋松鼠會將周圍吃不完的堅果撿拾至一個大樹洞中堆積集中貯藏。但若發現堅果被卡在針葉樹皮上，那可能是星鴉做的，而不是哺乳動物的貯食行爲。

排遺的觀察

排遺就是動物的糞便，很多人對它沒有好印象，總認爲那是又髒又臭的不潔之物，但是對野外觀察者而言，這些不起眼的糞便卻成了有用的蹤跡，而事實上也並不會有多難聞的味道。不同食性的哺乳動物，依所吃的東西和消化過程上的差異，而使糞便的形態不同，從動物的排便量、形狀、軟硬度，也可以顯示出年齡和健康狀況上的差異。

有些哺乳動物會在特定的地點排尿或放出特殊的氣味，以標示牠們的領域，這些地點往往會成爲固定排便的場所，糞便堆積如丘，這種

在風化過程中失去了形狀的排遺，很難辨認出是何種動物的糞便。

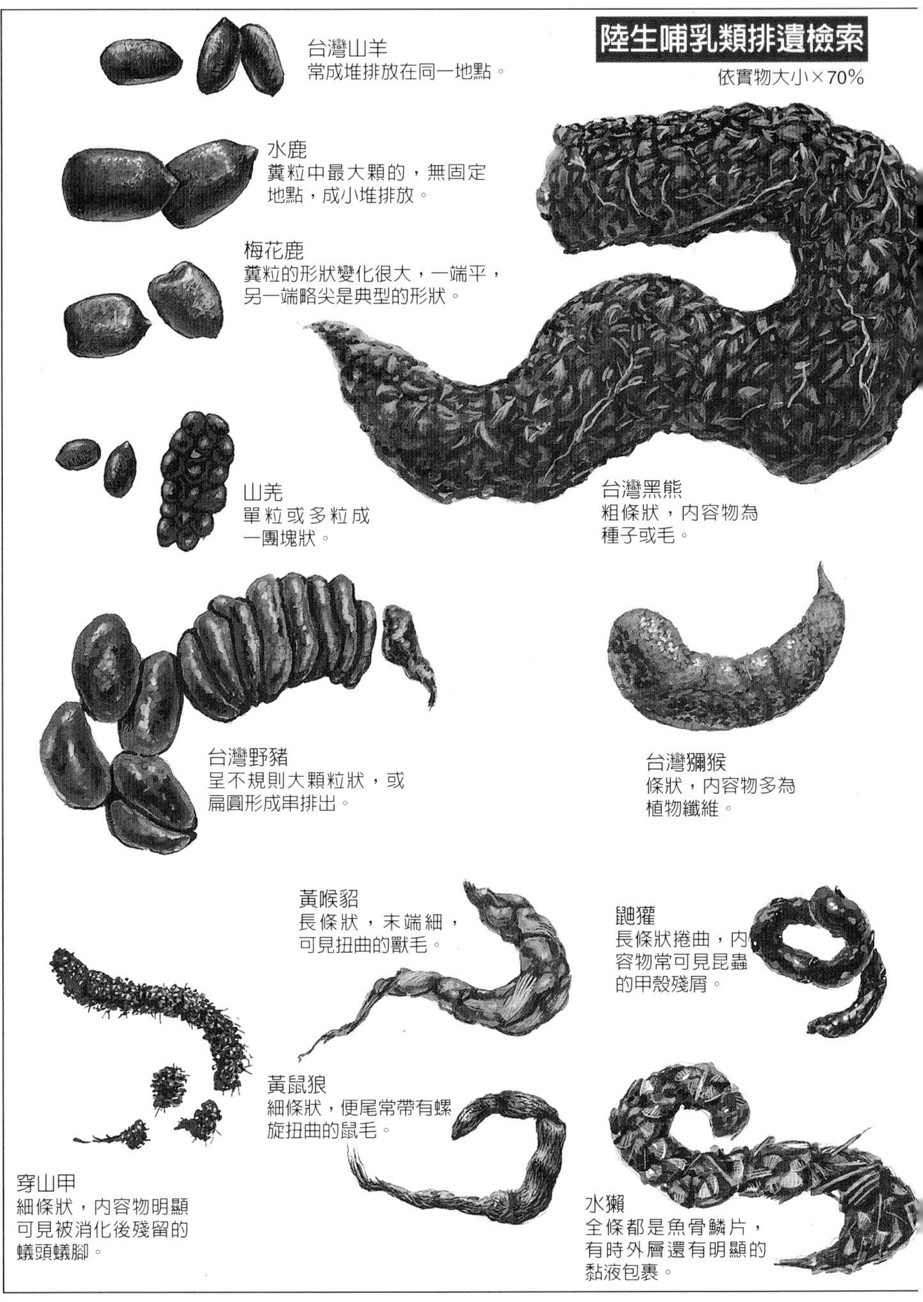
陸生哺乳類排遺檢索
依實物大小×70%
台灣山羊
常成堆排放在同一地點。
水鹿
糞粒中最大顆的，無固定地點，成小堆排放。
梅花鹿
糞粒的形狀變化很大，一端平，另一端略尖是典型的形狀。
山羌
單粒或多粒成一團塊狀。
台灣黑熊
粗條狀，內容物為種子或毛。
台灣野豬
呈不規則大顆粒狀，或扁圓形成串排出。
台灣獼猴
條狀，內容物多為植物纖維。
黃喉貂
長條狀，末端細，可見扭曲的獸毛。
鼬獾
長條狀捲曲，內容物常可見昆蟲的甲殼殘屑。
黃鼠狼
細條狀，便尾常帶有螺旋扭曲的鼠毛。
穿山甲
細條狀，內容物明顯可見被消化後殘留的蟻頭蟻腳。
水獺
全條都是魚骨鱗片，有時外層還有明顯的黏液包裹。

白鼻心
以植物纖維和種子為主要內容物，偶爾可以看到昆蟲甲殼。

麝香貓
含有昆蟲、蚯蚓或植物纖維。

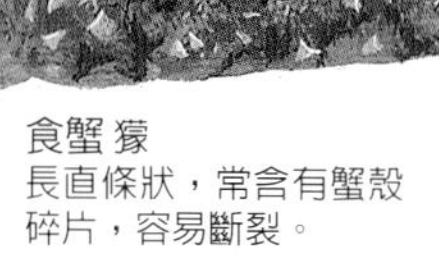

食蟹獴
長直條狀，常含有蟹殼碎片，容易斷裂。

石虎
長條捲曲，內容物可見獸毛或鳥羽。

赤腹松鼠
近於橢圓形的小型糞粒。

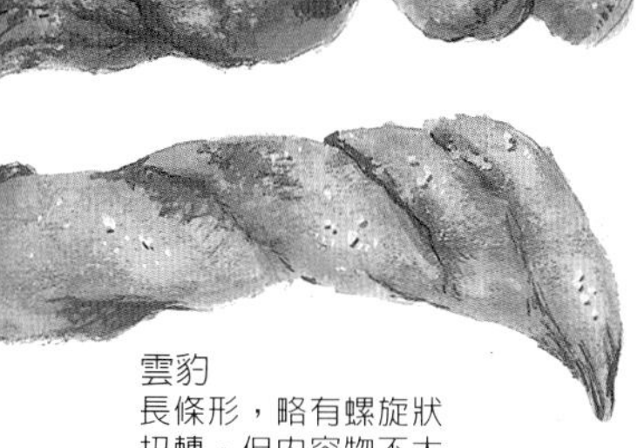

雲豹
長條形，略有螺旋狀扭轉，但內容物不太含有鳥獸毛。

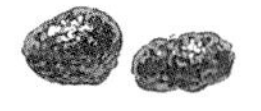

白面(或大赤)鼯鼠
小粒圓形。

小鼯鼠
最小顆的糞粒。

家鼷鼠
小顆紡錘狀。

鬼鼠
大顆紡錘狀，常富含草的纖維。

台灣野兔
形狀近似於圓球形，草的纖維明顯。

東亞家蝠
不規則短棒狀，常排放在藏身的房簷下。

堀川氏棕蝠
粗短棒狀，可見昆蟲的碎片。

臭鼩
一端大、一端小，並不規則，排糞處常可同時見到有尿漬的痕跡。

行爲在台灣山羊身上最爲明顯。此外像鼠類、臭鼩也有相似的行爲；而蝙蝠卻是在牠們棲息的山洞和休息用的山屋、涼亭內，在吊掛處的下方有堆積的糞便，特別是昆蟲的甲殼、鱗翅也四下散落。

綜觀台灣哺乳動物的糞便，大致可分爲以下三種型態。

顆粒狀：成小球形或水滴狀的顆粒糞便多半是草食動物的排遺，之所以會成圓形的顆粒，那是因爲直腸內的皺襞在慢慢蠕動時會將糞便慢慢壓擠所致。其中，鼯鼠的糞球最小；山羌略大，但時常是由許多小粒結成一個較大的團塊；山羊成堆的糞粒也很容易區別；水鹿則堪稱是糞粒最大的動物。

短棒狀：較爲長橢圓而平滑的短棒狀糞便是鼠類的排遺；較不規則的是尖鼠類和蝙蝠類的排遺。前者所吃的食物種類較廣，只有鬼鼠等是以植物爲主食，糞便內會有大量的植物纖維，而後兩類動物以昆蟲爲主食，所以糞便中會有大量的昆蟲殘骸。

長條狀：此類排遺常是一頭鈍一頭尖，台灣獼猴及食肉目的動物都是這種形狀的糞便，只是食肉目若吃了鼠類等有毛的小動物，會使糞尾因毛的拉長而更爲尖細，糞中除了毛之外還會夾雜著無脊椎動物的甲殼或無法消化的種子。

動物的糞便排出後，經過一段時間便會風化，從風化的程度也可判斷這個地區近來動物活動的情形，而從糞便的新鮮度更可知道動物來過多久了。但這些判斷也要隨季節

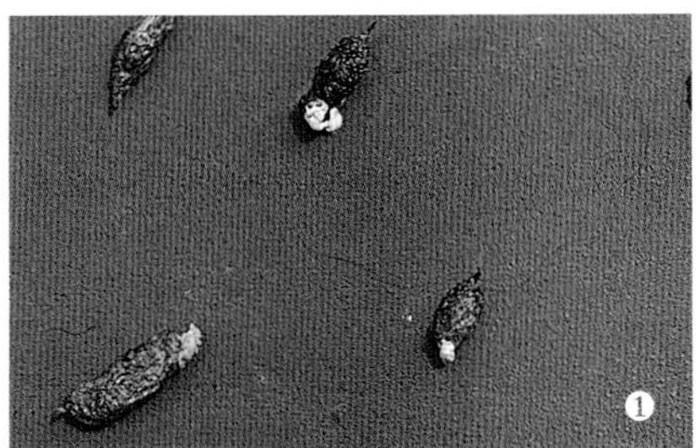

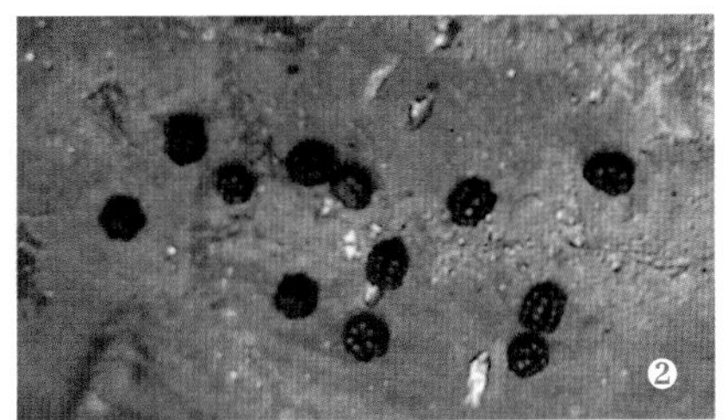

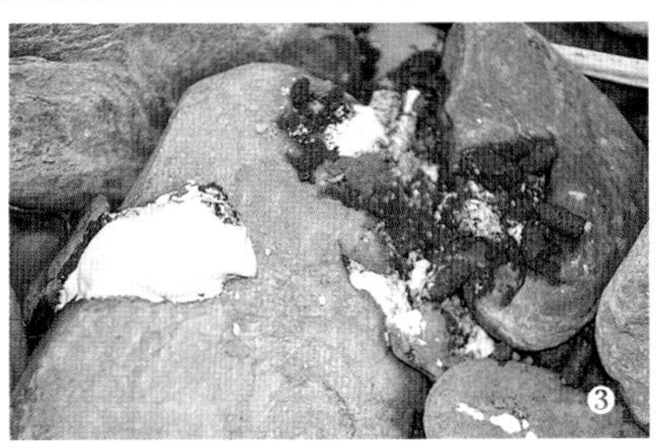

各種擬似哺乳動物的糞便

❶壁虎排出的長形糞粒與部分蝙蝠的糞粒類似，但在一端常附著白色的尿酸鹽。
❷有些大型的蛾類幼蟲排出的糞粒也較大，但可以明顯地看到每一顆糞粒的表面有許多皺襞，很像晒乾了的木瓜子。
❸鳥類的排遺常為沒有固定形狀的一灘，少數如鷺鷥類會有長條的形狀，但無論如何都會伴隨著或多或少的白色尿酸鹽。

及海拔高度而有所不同。

最新鮮的糞便表面油亮，還可看到一層透明的粘液，那是一天以內的排遺，但若糞便仍在冒著蒸氣，就要小心動物可能還在附近。

其次，略新鮮的糞便表面光澤漸退，在一般溫度下，大約三天以內糞便會變得全無光澤。

不新鮮的糞便在失去光澤之後，開始崩解或在糞粒表面長出眞菌，此時大約已歷經一週。

若是陳舊的糞便，原有的形狀已因崩解而改變。昆蟲的出現會加速崩解，在低海拔地區約兩週就無法辨認，而在高海拔地區則可能維持數月之久。

排遺的記錄方式，仍以放上比例尺拍照最實用，雖然一般的遊客不會有興趣將它背回家，但對想要深入了解的人，可以採取少量放在底片盒內，回家之後放在玻璃瓶中加些酒精擾散，再倒入不銹鋼的濾網上以水沖洗，最後便可以清楚的看到殘渣，然後可在放大鏡或顯微鏡下進行鑑別。

根據牙齒與骨骼的特徵，得知圖中是台灣野兔的屍骨。

圖中的動物以其掌狀的前肢得知牠是「鼴鼠」。

如果屍體已分解而只剩下枯骨，還是可以藉著骨骼上的特點來辨認，頭骨和牙齒尤其是重要的依據。

擬似哺乳動物排遺的分辨

有些粗大的毛蟲排出的糞便也呈小球形，但表面並不平滑，而是像晒乾的木瓜子；蟾蜍的排遺外表有較多的粘液，短條狀、兩端不太規則；鳥類的糞便也有條狀的，但常伴隨著白色的尿酸鹽，非常容易區分；壁虎的糞便形狀有點像蝙蝠的糞便，但往往在一端也多了些白色的尿酸鹽。

動物遺骸的處理方法

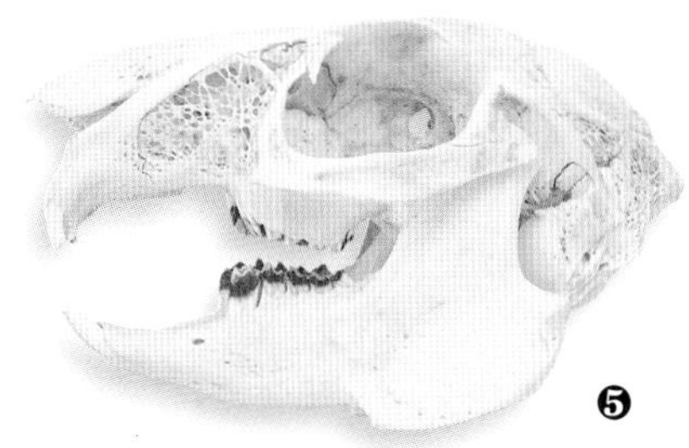

處理完成的頭骨遺骸，可以長久保存。

遺骸的觀察

在山徑旁或樹林中，常有機會看到被食肉動物啃食過的屍體，這些屍體很快的會被蠅蛆寄生而產生較重的臭味，但當腐肉已被蛆吃光的時候，氣味就漸漸減少，螞蟻和小甲蟲便開始了最後的清理，將所剩無幾的骨膜、韌帶啃噬乾淨，最後剩下一堆枯骨。若遺骸爲鳥類所有，那麼旁邊應該留有羽毛，若是哺乳動物的骨骸，也會有體毛，不妨收集放在夾鍊袋中，如果還找得到頭骨，那更有利於種類的判定。

拾回的骨骸可能還有些髒臭，放入稀釋的漂白水中浸泡半小時，臭味就會消除，然後再用清水洗淨，刷掉砂土，如果還有肌肉筋腱，可以趁乾燥時先行撕撥下來再泡肥皂水，幾天後取出洗刷曬乾，再放入去漬油中脫脂，兩、三天後再次取出曬乾，等去漬油揮發光了，最後用雙氧水漂白，漂白之後經曬乾，便可依各部位分類，最後將這些散落的骨骸拼湊粘合，即成爲可以長久保存的標本。

有些動物像山羌、台灣獼猴和松鼠等會發出叫聲，可以用錄音機記錄。(上圖)
使用蝙蝠偵測器可以將蝙蝠的超音波轉變成可以聽到的聲音，因而能探知牠們的存在，並可同步錄音記錄。(左圖)

特殊的觀察與記錄法

雖然在黑夜中人類的視力並不佳，但是我們仍可借助一些器材，以便有機會觀察這些多數爲夜行性的台灣哺乳動物。頭燈和強光手電筒是夜間必備的照明器材，可是爲了避免刺眼的光線對動物造成驚嚇，最好是用紅色的燈罩，如果本身沒有附紅色燈罩，可以用紅色玻璃紙包住燈頭代替，因爲紅色光對動物的影響較小，比較不會嚇著牠們。大赤鼯鼠和白面鼯鼠尤其適合在夜間進行觀察，牠們即使發現有人在窺視，也通常不立即迴避而大模大樣地照常吃著芽葉。

除了鼯鼠以外的動物，即使是發現紅色光也仍會迅速地在有動靜時立刻逃避，所以想要觀察牠們絕非易事，只有使用更精良的夜視鏡，才能在完全不用光照的情況下看到物象，但是這種觀察方式更需要耐心的等候。

暗夜中飛行的蝙蝠，除了少數會在燈下覓食的種類很容易觀察之外，其他在林間及高空活動的種類就不易看到了，牠們發出的超音波也不是人類的聽力所及，所以想要探知牠們的活動，可以使用將超音波較變爲可聽得到的聲音之「蝙蝠偵測器」。

無論是轉變超音波之後的蝙蝠聲音，或是山羌、松鼠和鼯鼠的叫聲，都可以用錄音的方式記錄，錄音機從卡帶式、MD到DAT都可以用來做自然聲音的記錄，配上單指向性或立體聲的麥克風，就可以從事野外錄音了。而較爲講究的器材，還可以包括集音器和避免雜音的麥克風罩。當然以錄音的方式來記錄觀察，也是需要耐心的等待及不斷地嚐試，因爲往往在聽到叫聲之後再開始操作機器，就已經來不及了。

野外觀察注意事項

在山區發現有許多箭射在一棵大樹幹上，據推測可能是獵捕飛鼠的人所為。我們應該以自然觀察取代殘忍的獵殺。

❶不要故意驚嚇或追趕動物。追趕絕對不可能使動物靠得更近，當動物要離開時，只能靜靜地讓牠們離開，期待下次相見。

❷不要餵食野生動物。除了防止牠們吃壞肚子之外，人類若供應過多的食物，還會引起族群數量上的不平衡。

❸不要探洞。不要將手伸入小小的洞穴，也不要鑽進洞中，因爲毒蛇和具攻擊性的動物可能潛居其中，而洞內的沼氣和氧氣的不足都可能讓人致命。

❹小心迷路。在密林中獸徑叉路多，不要因爲跟蹤動物而忘了來時的行徑，最好在進入森林之前，先定好方位，並做好標記。

❺小心崩塌、落石與斷崖。土質鬆軟的山崖下方會因天雨而有落石，故最好遠離之，以策安全。

❻小心有毒、有刺的植物及昆蟲。漫不經心的遊客有時會遭咬人貓、咬人狗等刺傷，虎頭蜂也是有毒的昆蟲，需謹慎提防。

❼小心猛獸。黑熊、野豬等體型較大的動物，雖然不常主動攻擊人類，但在不期而遇、雙方都十分緊張的情況下，也會造成防衛性攻擊；而體型比人小的獼猴也有成群攻擊的危險性。遭遇時，應噤聲悄退。

❽小心獵具：目前獵捕野生動物的情況雖然大爲減少，但部份地區仍發現有獵具，雖然放置者多半會在附近做上記號，但一般人在無法辨識的情況下，也會有被夾傷的危險。

第三章

台灣的陸生哺乳動物

台灣山羊

偶蹄目動物簡介

台灣所有的野生有蹄類動物都是「偶蹄」，也就是說每隻腳都由一對主蹄葉和一對副蹄所構成。本目各科動物之間的生理構造不盡相同，其中又以食性上的差異最為明顯。野豬是台灣唯一的一種豬科動物，牙為丘齒型，胃是單胃，為雜食性動物；鹿科的山羌、水鹿、梅花鹿和牛科的台灣山羊，牠們的牙為月齒型，胃是複胃，會反芻，為植食性動物。

牛科

臺灣山羊

鹿科

山羌

梅花鹿

水鹿

豬科

臺灣野豬

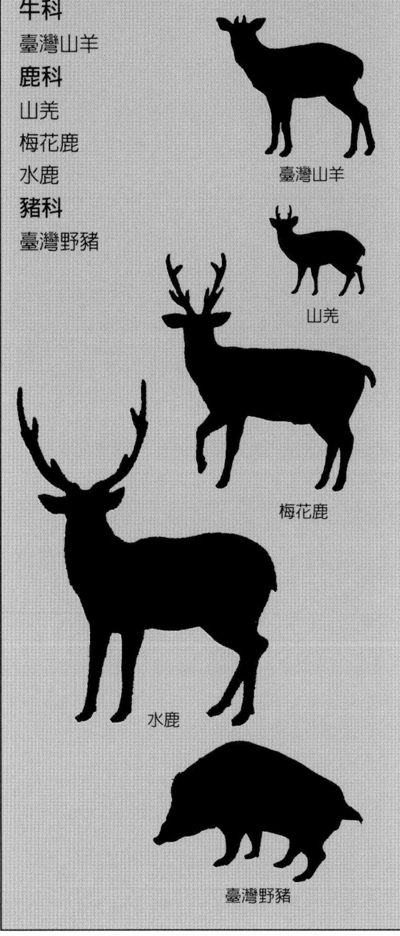

台灣山羊

奔躍在峭壁上的生存好手

曾到過台北市立動物園的讀者，會發現在「台灣鄉土動物區」裡，特別為台灣山羊佈置了一片陡坡，而台灣山羊時常高高蹲踞其上。這並非要特別為難山羊，而是在自然

特有種，珍貴稀有保育類

偶蹄目／牛科

英名：Formosan Serow

學名：*Capricornis swinhoci*

別名：長鬃山羊

體長：80～140cm

尾長：6.5cm

分佈：台灣中央山脈各山系海拔1000公尺以上的中、高海拔山區，都有牠們的蹤跡，雖然在海拔400～500公尺也曾發現，但以1000公尺以上較多。

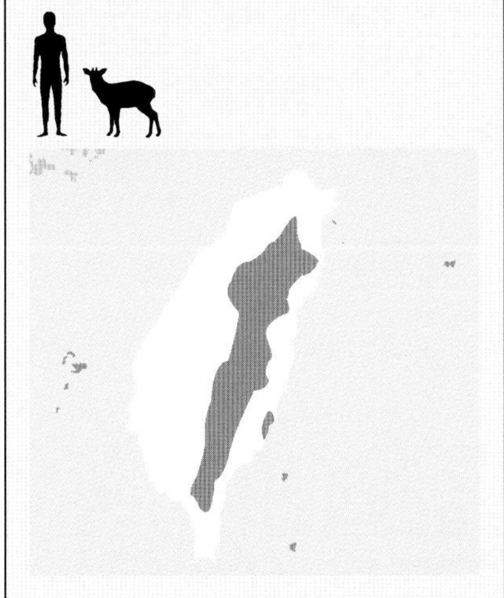

環境裡，台灣山羊原本就有這種踩著碎石坡上下溪谷、攀岩走壁的功夫。早年圓山動物園曾養過一隻只剩三條腿的台灣山羊，然而牠仍可從地面一躍而起，穩穩地站在約一公尺高、僅一塊磚寬的牆上，可謂神乎其技！

台灣山羊是台灣唯一的一種野生牛科動物，牠的體型與一般山羊不相上下，但是沒有山羊鬍子，全身是棕色的毛，冬天較濃密深暗，夏天較稀而明亮，喉部爲鮮艷的黃色。過去被認爲是與日本長鬃山羊同種的亞種，但現在已獨立爲特有種。

台灣山羊生活在針、闊葉林內，在玉山高海拔地區牠們喜歡在圓柏

陡峭的山壁是台灣山羊避敵的最佳環境。

動物園中常見台灣山羊走在陡峭的水泥壁階上。

灌叢、冷杉林和箭竹草原交界帶活動，有固定的生活領域。白天隱藏在草叢、岩縫、樹洞或岩洞中休息，除了睡眠之外，大部份的時間都像在嚼口香糖似地不斷咀嚼，將胃中食物反芻至口中再度嚼碎。

綿羊和山羊是大家熟悉的家畜，台灣山羊雖然是牠們的近親，但是並沒有全身的捲毛，也沒有下顎的山羊鬍子。

黎明和黃昏，台灣山羊自山脊下到溪谷覓食或飲水，行走的捷徑是順著崩塌的碎石陡坡直下直上，強壯的蹄部及良好的平衡感可以使牠們在岩壁間行走跳躍，甚至跳上歪斜平伸的大樹幹，如走平衡木般地

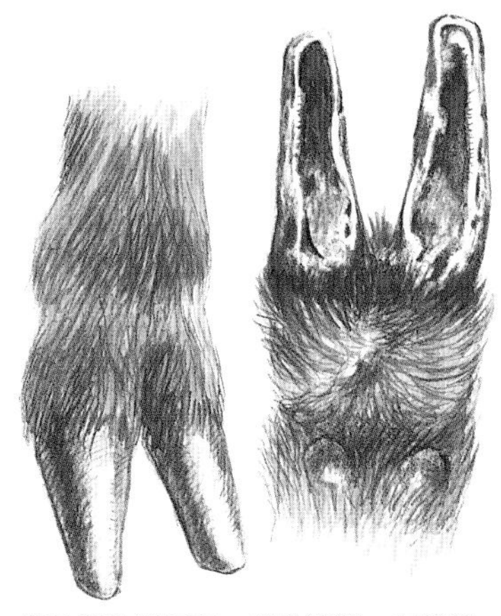

蹄子邊緣較平直，蹄尖較鈍，兩蹄葉之間的蹄腺還可分泌黏稠的物質，均有利於陡坡上的行走。

牛科動物無論雌雄頭上均長有一對角（圖為台灣山羊）。

鹿科動物只有雄性頭上每年都會發茸角，然後再硬化脫落，而雌性頭上則不長角（圖為梅花鹿）。

啃食著樹幹間下垂的樹葉。

雌雄頭上都長角

不論雌雄台灣山羊頭上都有一對角，角是從頭骨長出的骨質突出物，中空而且外層由黑色的角質外鞘所包覆，稱爲「洞角」，這也是牛科動物的重要特徵。洞角向後彎曲生長，基部有似年輪般的環狀皺褶，稱爲「角環」，這是因爲不同的季節生長程度不同所致。在一歲半前所長的角（約6至7公分）並不

眼睛前方有一小孔洞，這是眶下腺的開口，分泌可以用來標記領域的物質。

角鞘上似年輪的環狀凹陷會隨著年齡而增多，但並不一定每年只增加一環。

「洞角」是牛科動物的重要特徵，從台灣山羊角的骨質剖面，可以明顯看到中央的空洞。

頭骨特徵

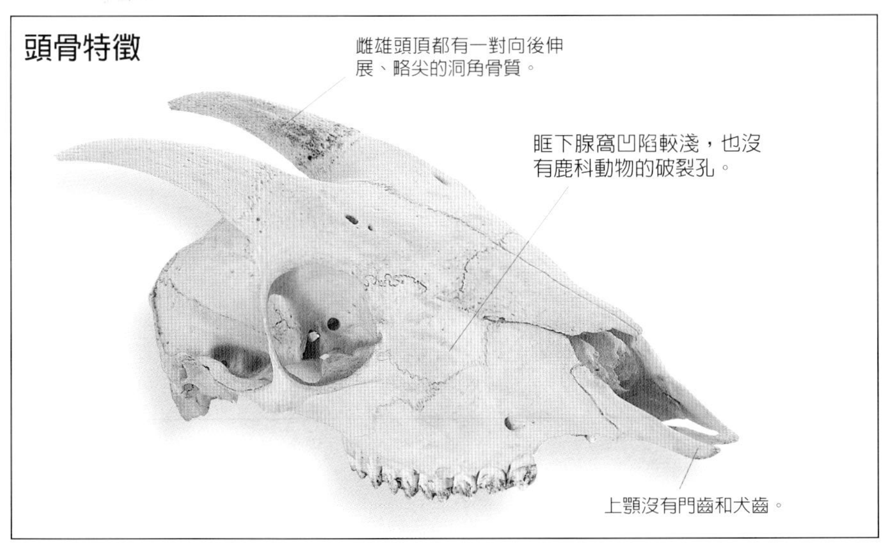

雌雄頭頂都有一對向後伸展、略尖的洞角骨質。

眶下腺窩凹陷較淺，也沒有鹿科動物的破裂孔。

上顎沒有門齒和犬齒。

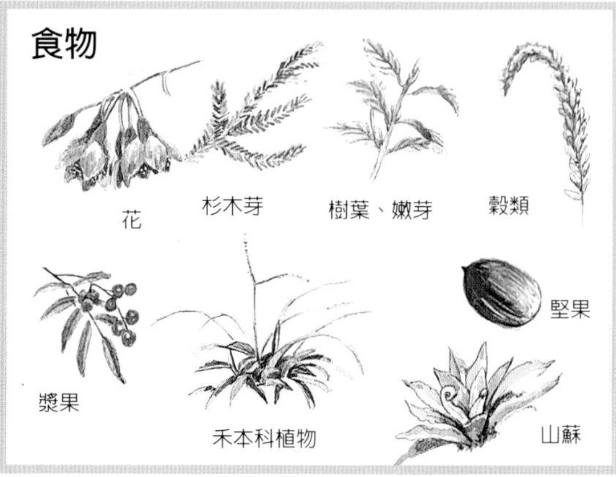

台灣山羊也吃纖維較粗的植物，例如葉片上有逆刺的咬人貓、鳥巢蕨、有毒的蠍子草。

產生角環，而後每年幾乎都會形成一環。洞角是終生不脫落的，只會隨著年齡增加而增長，但年齡越大生長越慢。在功能上，角是防禦的武器，遇到敵害時，山羊會用角猛力地頂撞，當然在發情季節中，雄羊也會因爭風吃醋而用角相互打鬥。

食性

台灣山羊是植食性反芻動物，雖然只要是綠色植物大部分牠都能吃，但是因環境中植物相的不同，所吃的食物種類也有差異。例如蘭嵌馬藍、山黃麻、高山白珠樹、蛇根草、火炭母草、箭竹、玉山小蘗、台灣冷杉和玉山圓柏的嫩芽，甚至對人類有毒的植物像咬人貓，牠們也可大口吃下而絲毫不受影響。此外，鹽份是必須攝取的物質之一，所以有些山壁岩縫間析出的結晶礦物，台灣山羊也會固定來舔食。

野外觀察

【磨角的痕跡】角是防禦的武器，所以要常磨一磨做好裝備保養。台灣山羊會選擇固定的樹幹來磨角，磨角用的樹幹並不粗，以便角的前後都可磨到。角的基部皮下有「角腺」，分泌似皮脂的物質，一方面潤澤雙角，另一方面也有標示氣味的功能。

【標記的痕跡】台灣山羊眼睛前方約一寸左右的位置有一小孔，這裡就是眶下腺的開口，腺體會分泌特殊的氣味。牠們會在活動的領域

動物園中的台灣山羊也有磨眼腺的行為。

台灣山羊會用眶下腺的分泌物抹擦在樹幹上標示領域，但被抹的樹皮並不會剝落。

在台灣山羊活動的區域內，可以找到牠們磨角用的樹幹，樹皮被磨掉的痕跡明顯。

範圍內，選擇一些與頭部高度接近的樹幹或岩石，經常將眶下腺分泌物塗抹在上面，做爲領域的標記。這特殊的氣味人類並不易嗅到，但

足跡與步態

台灣山羊是蹄行動物，為了適應在陡坡岩石上行走，蹄質特別緻密，蹄尖較鈍圓，蹄緣凸出，可以輕鬆地卡住岩石的斷面；而且在蹄底中央還有蹄腺，有些原住民認為蹄腺所分泌的物質有防止著地時打滑的功能。成年山羊的蹄長約5公分，寬約3.5公分，在泥地或雪地會留下明顯的腳印，下坡時因重心移到前肢，故前腳的蹄縫較大，兩側蹄緣直而較為平行，使得整個蹄印看起來略呈長方形。台灣山羊通常以步行的方式行走，但在較深的積雪地上或受到驚嚇時，會用跳躍的方式行動。

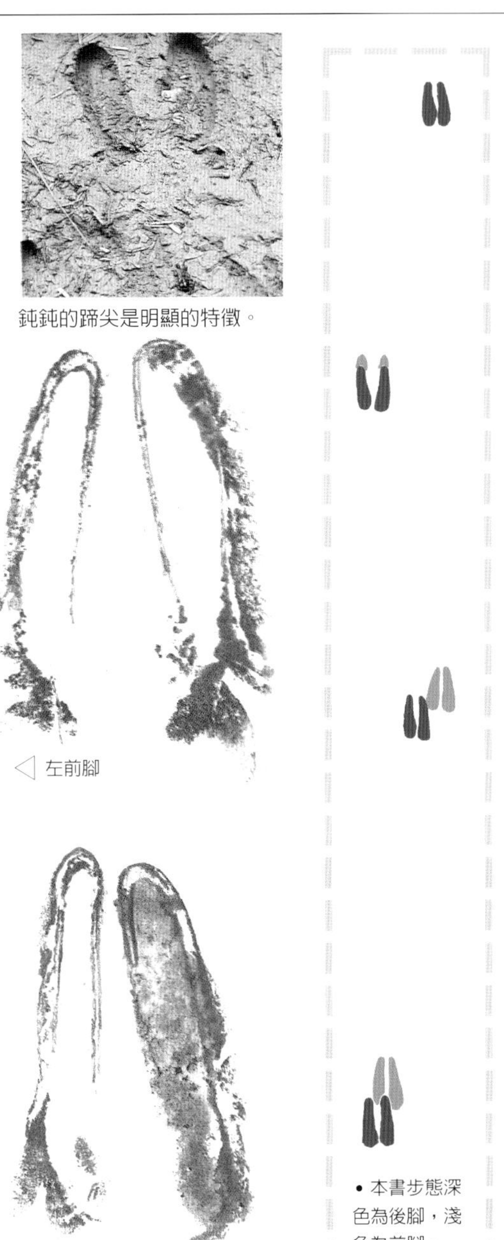

鈍鈍的蹄尖是明顯的特徵。

◁ 左前腳

◀ 左後腳

幼體

腳印為實物大小

• 本書步態深色為後腳，淺色為前腳。

可觀察到樹幹或岩石上被磨亮的痕跡。

【咬痕】用下門牙和上顎骨截斷

若在平地發現羊的足跡，應該都是家羊留下的，因為台灣山羊目前只在中高海拔地區活動。

攝於楠溪林道的食痕。

食物啃食是山羊吃東西的方式，牠們吃相斯文，不會將植物扯得東倒西歪，也不會掉得滿地殘屑。在牠們挺身直立起來能啃到的高度範圍內，都可能發現食痕。

【排遺】粒狀、長圓形，一端平鈍一端較尖，長約1.5公分，成堆排放於固定地點，這固定地點就像是牠們的廁所，往往會累積數千顆的糞粒，是最容易觀察到的蹤跡。

各種蹤跡出現的狀況

目擊	叫聲	食痕	足跡	路徑	啃抓	摩擦	巢穴	排遺	食餘
●	●	●	●●●	●●		●		●●●	

●很難發現　●●偶爾發現　●●●經常發現

小山羊會感恩「跪乳」嗎？

小羊剛出生時，只要站在母羊的腹下，抬起頭來就能吸到乳汁，但是當小羊漸漸長大，甚至已經會自行覓食的時候，身高使牠們不得不彎曲前腳像跪下一般，才能順利吸奶。在自然現象的解讀上，這種缺乏實證的人類觀點應該儘量避免。

山羌
偉.1998.6

山羌
鹿科動物中的小個子

特有亞種，珍貴稀有保育類
偶蹄目／鹿科
英名：Formosan Muntjac
學名：*Muntiacus reevesi micrurus*
別名：黃麂、羌仔
體長：47.5～70cm
尾長：7.4～10cm
分佈：台灣中央山脈各山系海拔500公尺以上，只要是未被開發的森林區內都有牠們的蹤跡，最高分佈至海拔3000公尺左右。另外，東部海岸山脈、綠島及墾丁目前仍有山羌存在。原本高雄萬壽山及台北陽明山區都曾有分佈，但近年已無發現的紀錄。

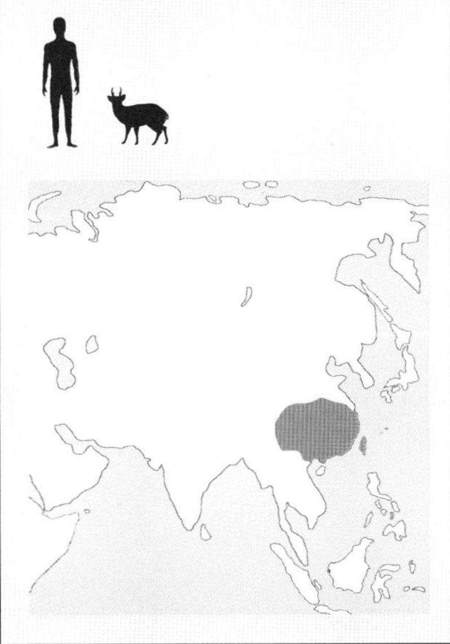

有蹄類動物是植食性的哺乳類，包括了偶蹄目（例如豬、河馬、鹿、牛、羊……等）和奇蹄目（例如馬、貘和犀牛）。台灣產的偶蹄目動物共有5種，山羌和台灣野豬是目前野外較常見到的偶蹄類動物。

1988年英國研究山羌的學者諾瑪女士來台訪問，由於英國的山羌是引進後野放的物種，所以她希望能親臨山羌的原產地。當時由筆者陪同前往尚未開闢成福山植物園區的哈盆地區，入夜時營地不遠處即傳來「沃——沃」的淒厲吠聲，諾瑪女士雀躍不已，而這也是我第一次聽到山羌。現在哈盆是屬於福山植物園區的管制範圍，由於良好的保育措施，使得山羌數量更為增加，清晨或日暮黃昏時甚至在園區內就可看到山羌現身草地覓食嫩葉，在

在許多保護區內，山羌的族群似乎已明顯地增加，常可不期而遇（攝於福山植物園內）。

山羌是小型而且個性溫和的鹿科動物。

地上也會發現許多小顆粒狀的排遺，這將是植物園內很好的動物教材之一。

山羌是台灣鹿科動物中最嬌小的一種，腿細短身體圓胖，可以說是鹿類中的「矮冬瓜」。牠全身都長著短毛，上半身爲黃褐色，頸下及喉部近棕黃色。當牠受到驚嚇時會舉著尾巴，露出尾下的白毛，以跳躍方式逃走。原住民口傳中常描述山羌有大小兩種，而從實際的標本觀察也確實有差異，有的粗壯，有的纖細，尤其是雄羌最明顯，連頭上的角也隨著體型而粗細有別，但以目前的資料來看，牠們仍屬於同一亞種，只是胖瘦的體型不同罷了。

山羌經常到溪邊活動。

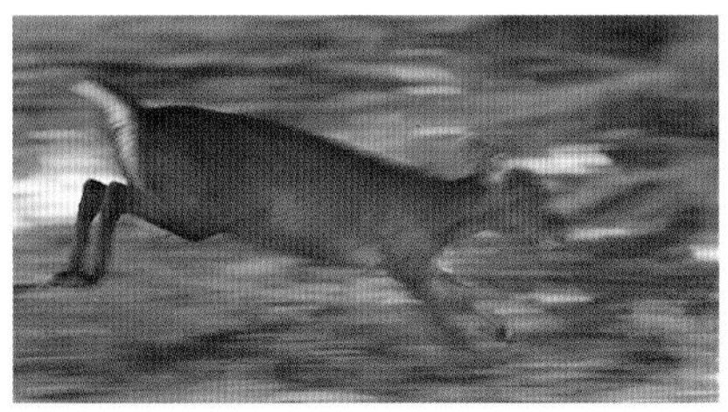

躲避驚擾時會翹起尾巴露出白色的毛，以跳躍的方式逃走。

初生的小山羌身上也有白色的斑點，稍長之後才漸漸褪去。

山羌因體型矮小，有利於在灌叢之間穿梭，除了最喜歡在天然混生林中棲息，也會在芒草叢中活動或到溪邊喝水。一般並無固定的休息處，休息時也沒有特別的鋪設，岩石下、樹洞、草叢和中空的倒木等隱蔽之處，都可隨地棲身，只有母羌生產時會在地上舖些乾草做爲襯墊。

山羌頭上的黑斑不同，但均有明顯的額腺。

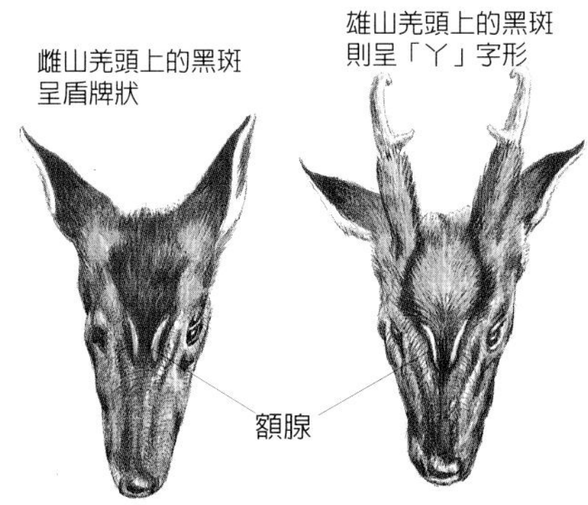

山羌並不是成群活動的動物，而且雌雄都擁有一定的領域，雄山羌的領域較大，領域中可容有1至2頭母羌或數頭幼羌活動，若有另一雄山羌侵入，則會發生打鬥的情形。打鬥時牠們抵角較量，但眞正會讓對手致傷的是用尖利的犬齒撕咬。

山羌的角與面相

雄山羌頭上長著角，牠們在出生後4至6個月大時長出角柄。每年在開春之前出生的小雄山羌，當年就會長出不分叉的角，並且大多在5、6月落角。第一次落角後，再長出的角在近基部會有長約1至2公分的小分枝，長成後的角幹長約7公分。

要分辨山羌的性別除了看有無長角之外，雌雄頭頂的毛色也有不同。雄羌自鼻、眼眶上沿著角柄有一條黑色帶，似「Y」字形；雌羌頭頂則如一黑色盾牌。

特殊的氣味腺

大型鹿科動物都有蹄腺及眶下腺，而山羌除此之外又特別在兩眼之間的額頭上具有「額腺」。雄羌在行走時會低下頭以額頭由後向前擦地，將額腺、眶下腺的氣味抹在地上，隨後再排幾滴尿液或幾顆糞粒。此外牠每天還會在比較固定的一些小樹幹上用下門齒刮破樹皮，先以角磨擦，再用額腺、眶下腺塗

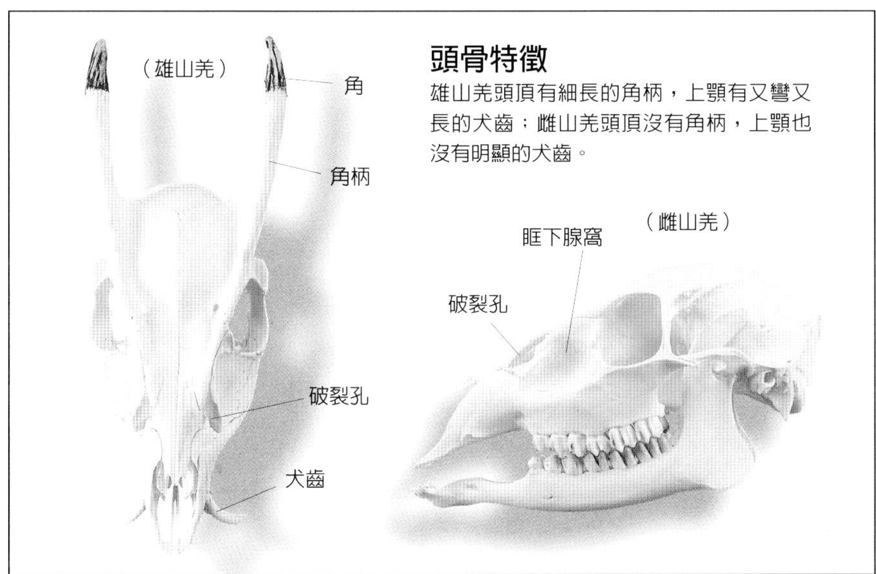

抹標記。雌羌也有做標記的行爲，但不如雄羌明顯。

草食動物中的「嫩食者」

山羌吃多種植物的嫩芽、嫩葉，而且吃法非常細巧，牠將葉片咬下，葉柄留著，這與其他草食動物大口咬斷枝葉的吃法不同，由此習性也可判斷是否爲山羌吃過的痕跡。此外，受限於身裁矮小，所以山羌啃食植物的高度也較低，在野外可以看到位於60公分高的葉片被吃掉一半，或是60公分以下的灌木葉、芽遭啃食一空的光景。

山羌偏愛吃較嫩的芽，在河邊垂下的桑樹嫩芽已被啃光，留下光溜溜的枝條。

野外觀察

以目前山羌在野外的數量來說，應是屬於較容易觀察的哺乳動物，除了啃食植物的痕跡和樹幹上的磨

足跡與步態

山羌是蹄行動物，蹄長約3.5公分，蹄寬約2公分，在泥、砂地較易留下腳印，前端較突，形狀似被剖為兩半的水滴。行走方式為步行或跳躍，在灌叢和草叢間經常過往的路徑上會形成明顯的獸徑，獸徑所經之處，如有長滿青苔的岩石或蔓藤，會因山羌的踩踏而變得光滑且不長苔。

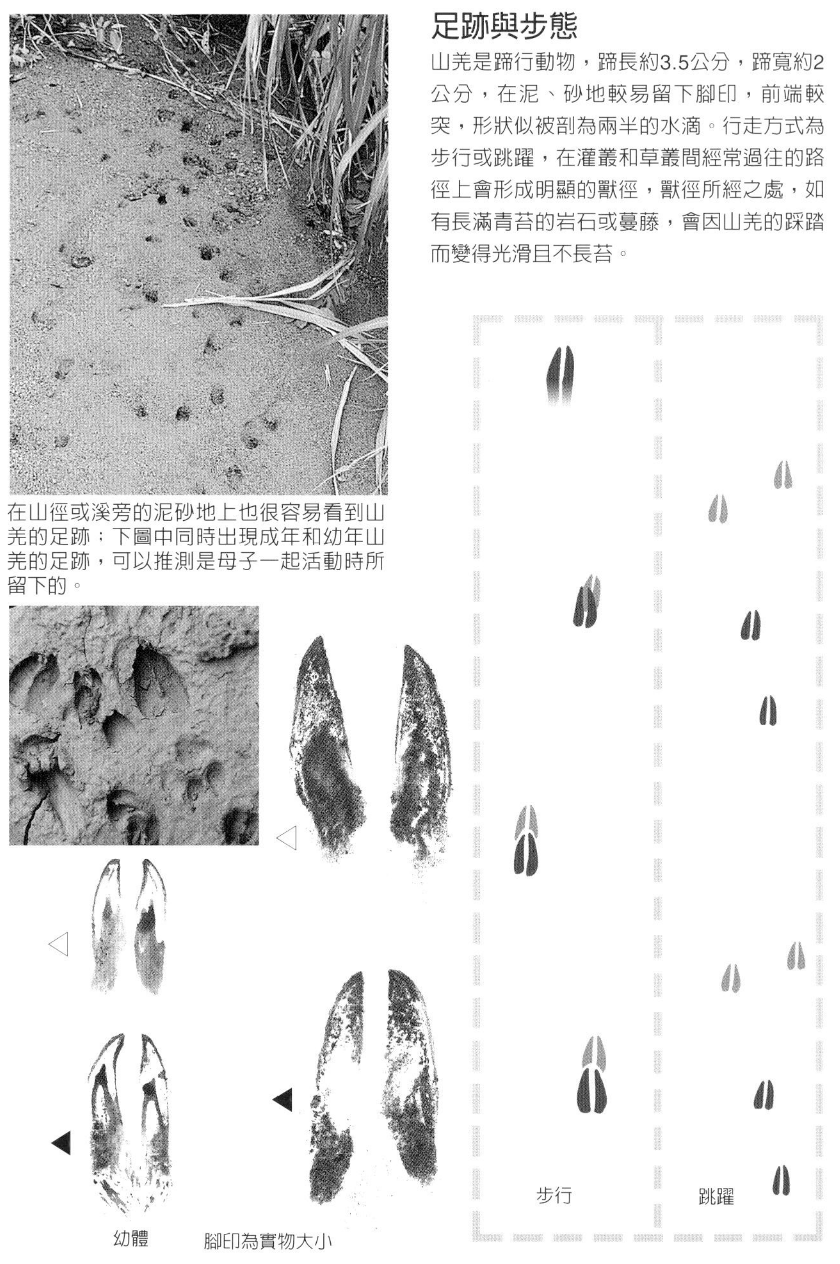

在山徑或溪旁的泥砂地上也很容易看到山羌的足跡；下圖中同時出現成年和幼年山羌的足跡，可以推測是母子一起活動時所留下的。

山羌的路徑。

磨角的痕跡。比起山羊和水鹿，山羌磨擦的高度最低。

擦痕之外，足跡和糞便是山徑中經常見到的蹤跡。

【排遺】山羌的糞便爲單粒或數粒成一小團，單粒的形狀一頭略尖，一頭較鈍，也有些呈橄欖形或卵形，差異頗大，長約0.7公分，顏色爲深墨綠色。在排便的習慣上，

山羌的糞粒形狀差異頗大，有時多粒成一小團塊，隨處排放，較無固定的地點。

雄羌常於低頭做完標記之後邊走邊排，雌羌多半在隱蔽處一次排出。

【聲音】山谷間，日夜都可能聽到山羌叫出如「沃」般的犬吠聲，當我們在山徑行走時，休息中的山羌往往也會因受驚擾而發出叫聲，每回吠叫由一聲到上百聲不等，尤以晨昏最爲頻繁，既不受天候影響，也無明顯的季節差異。

各種蹤跡出現的狀況

目擊	叫聲	食痕	足跡	路徑	啃抓	摩擦	巢穴	排遺	食餘
●	●●●	●●	●●●	●●		●		●●	

•很難發現 ••偶爾發現 •••經常發現

梅花鹿

梅花鹿

消失在西部平野的悲情動物

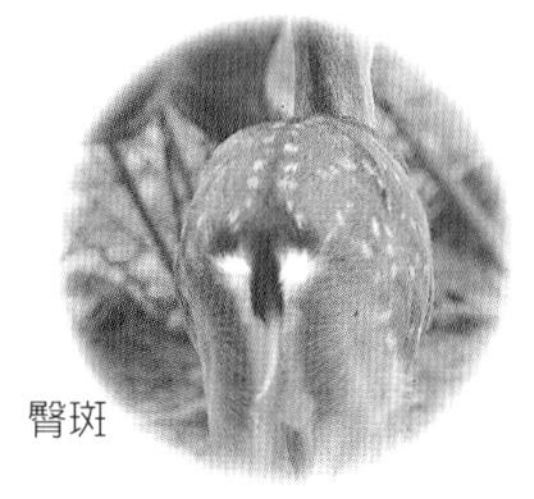
臀斑

梅花鹿分佈在東亞洲，從韓國、日本、中國到越南。而美國、紐西蘭和歐洲許多國家都曾引進放養。

特有亞種
偶蹄目／鹿科
英名：Formosan Sika Deer
學名：*Cervus nippon*
別名：花鹿
體長：150cm
尾長：13cm
分佈：曾經分佈在台灣全島低海拔平原、丘陵地。從一些有「鹿」字的地名中追尋，可知過去梅花鹿大多生活在海拔300公尺以下。目前只有墾丁的社頂及綠島有復育和野放的梅花鹿群。

在中國，梅花鹿曾有六個亞種，目前已有三個亞種絕跡，其中東北亞種和台灣亞種僅存人工飼養的族群。

台灣的梅花鹿從興盛到滅絕，再到政府致力於復育，正是台灣哺乳動物命運最深刻的寫照。從十七世紀到二十世紀初，梅花鹿製品是重要的貿易貨物，居民大肆捕捉使數量年年減少。早年原本在平原、丘陵上只要有溪流經過之地，就有成群的梅花鹿，然而隨著人們開發平原爲農耕地的快速腳步，棲息地一片一片地減少，使得鹿群幾乎沒有安身之地，到了1969年，當最後一隻避居淺山的梅花鹿被射殺之後，梅花鹿便在台灣的野外絕跡，只徒然在全島七十多處有「鹿」字的地名中留下令人懷念的歷史見證。

目前墾丁國家公園在社頂復育的鹿群不斷增加，數目已達百餘頭；而綠島也因野放公共造產養殖的梅花鹿，使得野外自由生存的鹿隻約達兩百頭之多。雖然野外的復育工作還有許多要努力的地方，但未來在某些特定的自然區內再見梅花鹿

雄梅花鹿一年間角的生長週期

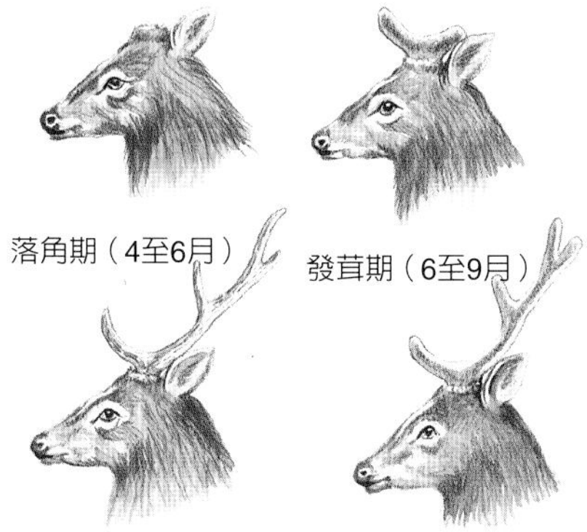

雄梅花鹿角分叉的情形

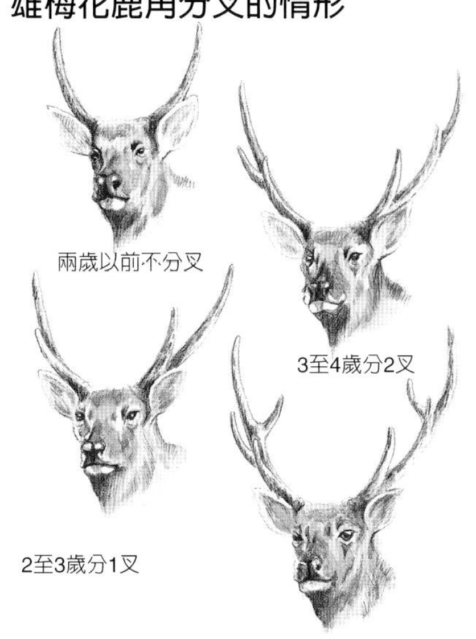

群應是指日可待。

色彩亮麗的毛皮

梅花鹿夏天的毛爲赤棕色，毛短而亮麗，背脊中央有一條暗棕色縱紋，兩旁各綴有20多個白色斑點，這些斑點大致以縱列的方式由背分佈至胸、腰側，好像白色的雪花，就連初生仔鹿身上也有。到了冬天，梅花鹿的毛色變得暗淡，毛密而長，白斑也變得不明顯，甚至幾乎無法分辨，此時雄鹿的頸部會長出特別長的鬃毛，這是雄性性徵的表現，居於領導地位的雄鹿，看起來非常有王者的風範。

梅花鹿的毛色隨季節變換而有明顯不同，夏毛鮮亮、斑點明顯（左圖），冬毛灰暗、斑點不明顯（右圖）。

梅花鹿是成群活動的動物，鹿群通常是由雌鹿和幼鹿組成。

尾巴的背面是暗棕色背脊的延伸，而尾腹面與肛門兩側的臀部是白色，稱爲「臀斑」。緊張時尾巴便會豎起，露出的明顯臀斑在群體行動中便有示警的作用。

代表雄性地位的角

雄梅花鹿頭上有角，角柄粗短。兩歲以前的角並不分叉，直到二至三歲才分出一叉，三歲以後每年增加一叉，直到三叉爲止，少數可長到四叉。角的主幹可長約50公分，第一叉的眉枝向前伸出，與主幹的角度鈍圓，第二叉與第一叉相距較遠，這是梅花鹿角特殊的地方。通常梅花鹿在每年的4至6月間落角，而後發茸（未硬化之前的角），到了9至10月間角已長成，此時牠便會在樹幹或岩石上磨去茸皮。堅硬的角是11至1月間爭取地位、獲得交配權最主要的武器，角長得越對稱而強壯者，越能取得領導地位。

鹿群的社會行爲

梅花鹿從前生活在平原、丘陵間，有水源又可藏身的樹林是最理想的棲息地。牠們在晨昏外出覓食、喝水，其他時間則回到樹林靜臥休息或反芻。梅花鹿雖然總是成群活動，但鹿群的組成卻隨著時節而有不同。

4至6月間雄鹿陸續落角，先落角的雄鹿不再與其他雄鹿打鬥，而與雌、幼鹿群聚在一起活動，此時落角較慢的年輕雄鹿可暫時取得領導地位，只不過時間不會長久。6至9

以往在有河川、溪流經過的平原上，曾有大量的梅花鹿群，但現在卻已完全絕跡。

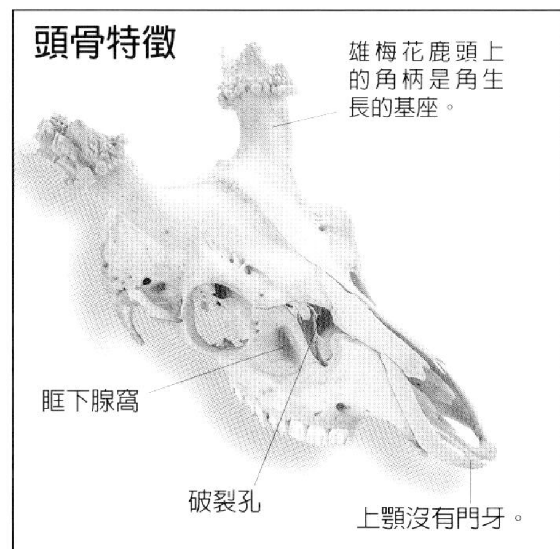

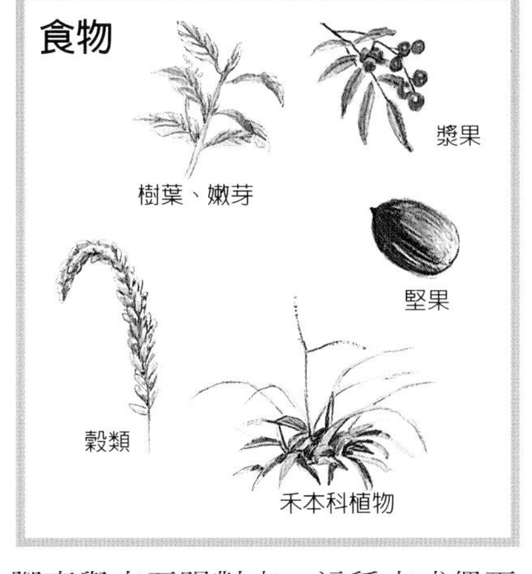

月雄鹿發茸、雌鹿產仔，鹿群又漸漸形成了「母子團」，雄鹿於是另成一群或單獨活動。到了9月又漸成「繁殖群」，一群雌鹿和未成年幼鹿由具領導地位的雄鹿(稱爲「鹿王」)帶領，進行交配或甚至可以說是集中看管，此時未取得領導地位的雄鹿會環伺在側，時而向鹿王挑釁。

在整個繁殖季中，鹿王不是穩坐寶位的，有時眞的會被打敗，王位於是易主，這樣的狀況會持續到4月才又因落角而結束。在同一棲地中，各種群體中的頭數不一，有些可達數十頭，而各個群體也會隨季節不同改變不同的群聚。

鹿群中雄鹿爭風吃醋的對立姿態也並非總是卡角相鬥，而是以威嚇方式爲主，包括了咬、噴氣、瞪視、斜角和垂耳等，在落角期還會像人類打拳擊般，用後腳站立、前腳高舉來互踢對方，這種方式偶爾在雌鹿之間也會發生。

梅花鹿的食物

對於食物的選擇，梅花鹿屬於中間型偏粗食者，吃的植物比山羌要粗糙些。從另一方面來看，牠也因此而能更廣泛的獲得食物，然而一天內覓食的頻率則較低。舉凡構樹、桑樹、山黃麻等粗糙的樹葉，禾本科、莎草科、菊科、豆科、莧科和蓼科等草本植物，甚至蕨類、蕈類等均是梅花鹿喜歡吃的食物。鹽也是梅花鹿必須攝取的成分。

野外觀察

【路徑】梅花鹿群往往會將行經之地的植物踩倒撞斷，在地上踏出明顯的一條路徑。行動的方式則以慢步和奔跑爲主，逃避敵害時則會跳躍奔馳，跳躍能力非常好。

【磨角的痕跡】雄梅花鹿在角硬

足跡與步態

蹄行。梅花鹿喜歡到溪邊喝水，在溪畔泥地很容易留下腳印。經過圈養的鹿前蹄略長，蹄縫向一側微曲，後蹄縫明顯向外側彎曲。

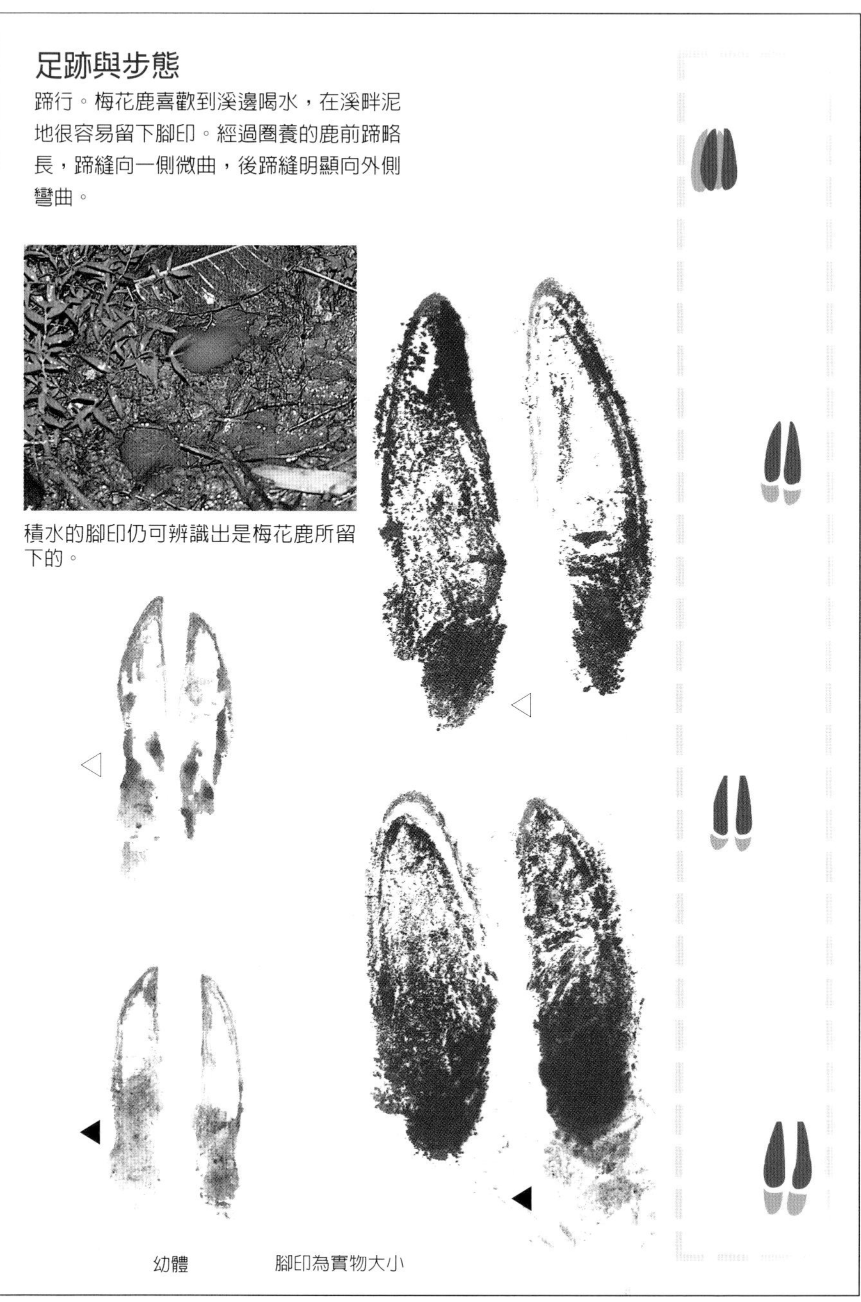

積水的腳印仍可辨識出是梅花鹿所留下的。

幼體　　腳印為實物大小

梅花鹿在樹幹上磨角，將茸皮完全磨掉。

化之後茸皮漸漸脫落，此時常見雄鹿在磨角，牠們不選擇太粗的樹幹，而是選可以磨到角分叉處粗細適中的樹幹。此時的磨角以磨擦樹的主幹爲主，而在威脅或求偶時的磨角則以枝條爲主，被磨過的樹皮上會留下刮傷的痕跡。

【泥浴坑】成年的雄鹿在發情期會找一灘爛泥形成的水坑，然後排出有特殊氣味的尿液，悠臥其中，伸頸在泥漿中搖動翻滾，將尿味泥漿塗得滿身都是。這樣的泥坑需與野豬用的泥坑詳細分辨，從周圍的腳印不難看出是誰用的。

【排遺】常排放在固定區域，成團塊、成串或單粒排出，棕黑色，長約1.4公分，寬約1公分，形狀像殼斗科的果實，一端尖，另一端的

磨角痕在茸皮脫去的季節（約10至12月）最易見。

排遺成小堆、四處排放，並不重複排放在同一處。

形狀雌雄有別，雌鹿的較圓，雄鹿則較平甚至內凹。

各種蹤跡出現的狀況

目擊	叫聲	食痕	足跡	路徑	哨抓	摩擦	巢穴	排遺	食餘
●		●	●●	●		●		●●	

•很難發現　••偶爾發現　•••經常發現

水鹿

水鹿

迷霧林中的鹿科王者

特有亞種，珍貴稀有保育類

偶蹄目／鹿科

英名：Formosan Sambar

學名：*Cervus unicolor swinhoei*

體長：210～240cm

尾長：30cm

分佈：水鹿的棲息下限原本在海拔300公尺，現已避居在海拔1000公尺以上的中高海拔山區，多半沿著高山溪谷分佈。目前在雪霸、太魯閣、玉山國家公園及大武山自然保護區內都有發現其族群。

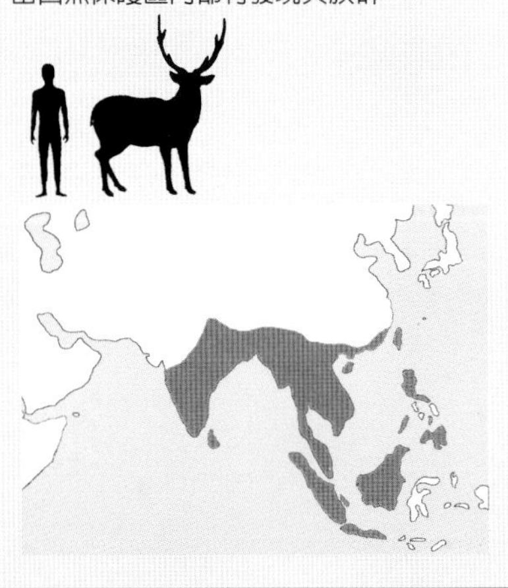

水鹿是台灣的偶蹄目動物中體型最大的一種，牠廣泛分佈於亞洲地區，包括中國南方各省、東南亞各國和印度。台灣的水鹿是中國的四個亞種之一，爲台灣所特有，在歷史上與梅花鹿一樣是被製成肉脯、鹿皮出口的重要貿易品，但在數量上比梅花鹿少。水鹿生長於較高海拔的環境中，許多高山地名中所含的「鹿」字指的應該是水鹿，另外如玉山下的「塔塔加」鞍部，便是布農族語「水鹿休息的平台」。

在體型上雄鹿較大，雌鹿較小。而毛色都是棕褐色，夏季毛色較鮮

水鹿曾是原住民獵捕的對象，通常獵殺的時機多半在雄鹿的硬角期，許多鹿角於是被留下來做為飾品。

頭骨特徵

（雌水鹿）

成年水鹿的頭骨上，在眼眶前有和眼眶差不多大的眶下腺窩。

亮，冬季毛色較暗淡，成鹿、幼鹿身上都沒有斑點，尾臀部也沒有臀斑，只是尾巴的毛較長。雄鹿在成年之後頸部會長出鬃毛。

水鹿的棲地包括各種針葉林、闊葉林或混生林，高山草原、箭竹草原、高山溪谷或湖沼邊都是牠們活動的範圍。牠們通常在林間休息，在草原、灌叢中覓食，到溪邊喝水，所以在這三種環境交會的地方，是水鹿最喜歡的棲地。

雄鹿粗壯的角

兩歲以下的雄鹿角沒有分叉，兩歲以上開始分一叉，三歲以後都保持兩叉而不再增加，比起梅花鹿少了一叉，而且主幹長度約42公分，比梅花鹿短而粗壯，眉枝分叉處與主幹成銳角，落角生茸的時間以春夏居多。一到繁殖期，雄鹿相遇時

雌雄水鹿都有眶下腺，緊張時張開，大而明顯。

會以抵角的方式展開激烈的格鬥，常因而有皮肉傷。傳說雄鹿會覆土掩蓋脫落的鹿角，因而在野外鮮少有人拾獲，但也曾有登山者描述在山區同一地附近看到多支水鹿角，或許是脫角的地方較隱密吧！

氣味腺

水鹿具有蹄腺、蹠腺、尾腺和眶下腺，與梅花鹿相同。但牠的眶下腺非常發達，緊張時眶下腺會張開，分泌物往往在腺窩內結成小石狀的硬塊，牠們會用此氣味腺在生活領域內的樹幹上做標記。

成小群活動

水鹿常成五頭以下的小群，繁殖期可見雌雄成對同行，若非繁殖期雄鹿多半單獨活動。白天牠們在林間休息，夜間覓食飲水。晨昏是活動最頻繁的時候，遇到雨天又更爲活躍。生性愛親近水的水鹿，不分季節，都喜歡水浴或泥浴，尤其在

水麻是水鹿愛吃的植物之一，只要是吃得到的高度幾乎都被一掃而光。

當角上的茸皮要脫落時，水鹿會在樹幹上磨角。

炎熱的夏夜，更愛到冷涼的溪澗中泡水。一位原住民朋友曾描述他在楠梓仙溪上游看到這樣的景象：夏夜皎潔的月光照在深山幽谷中的溪澗，自天空灑下的銀光隨著波紋在水面閃爍。從山腰向下俯視，突然間看到深潭處有水鹿夾雜在放養的水牛間，不久緩緩游向對岸，昂首漫步隱入濃密的森林中。那高揚的叉角在月光下拉長了陰影，更顯威嚴……。

能吃較高的樹葉

水鹿個子高所以吃得到比較高的植物，在活動所經之地邊走邊吃，雖然也是中間型偏粗食者，但還是

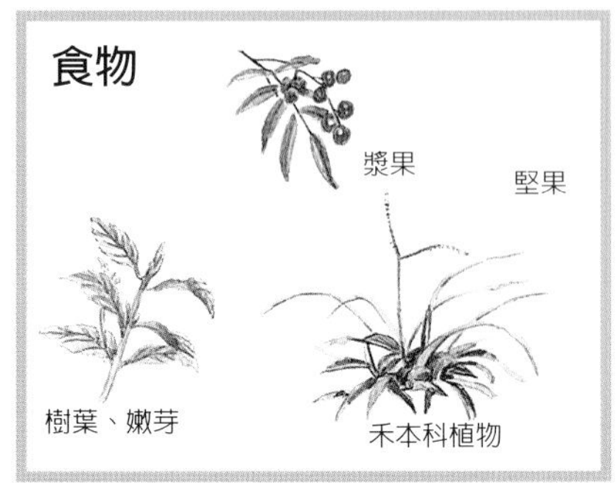

以嫩芽、嫩葉優先享用，舉凡莧屬、榕屬、鴨跖草屬、蓼屬、白茅、五節芒、阿里山忍冬、玉山假沙梨、懸鉤子、水麻等，都是水鹿愛吃的植物。

野外觀察

【叫聲】目擊水鹿的機會比較少，但若靠近牠們的休息處偶而會聽到牠們發出如噴氣嘶吼的聲音。

【磨角的痕跡】和梅花鹿一樣，雄水鹿會在適當粗細的樹幹上磨角，尤其是在茸皮脫落的時期，斑駁的茸皮要靠磨擦才能清除乾淨，於是在樹幹上也會留下明顯的擦痕。被磨擦後起毛的樹皮若柔軟可

水鹿的排遺是顆粒狀糞粒中最大顆的，一次排出數十粒，常成小堆狀。

食，還會被水鹿上下撕扯啃食。

【排遺】水鹿的糞粒是台灣四種反芻動物中最大顆的，長徑約1.8公分，形狀一端較平或內凹，另一端尖或鈍圓，有些整粒呈圓球形，通常濕軟的糞粒落到地面後，會因撞擊而變得略扁。糞粒成小堆分散各處，沿路排放並無固定地點。

各種蹤跡出現的狀況

目擊	叫聲	食痕	足跡	路徑	啃抓	摩擦	巢穴	排遺	食餘
	●	●●	●●	●●		●●		●●	

•很難發現　••偶爾發現　•••經常發現

足跡與步態

蹄行。從休息地到水邊的固定路徑上，因長期踩踏而十分明顯，所經之地的水坑和溪岸邊的泥地上也會留下腳印。下到溪谷時往往有些陡坡，牠們可以像台灣山羊般直上直下，不受阻礙。蹄印比山羊大，蹄的內外緣均略有彎曲，踩在地上常有向前滑動而拉長了蹄印的痕跡，行走方式仍以步行為主。

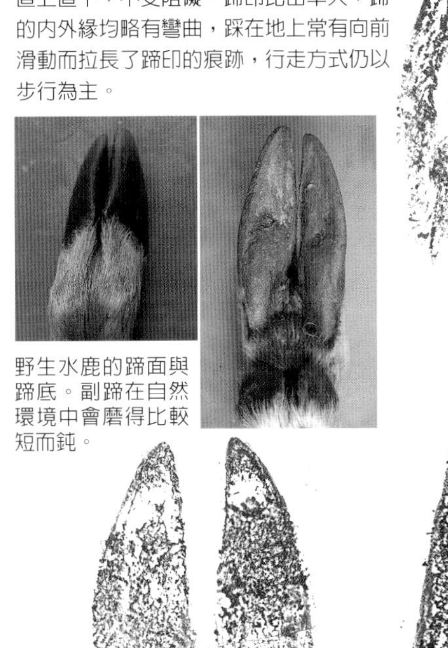

野生水鹿的蹄面與蹄底。副蹄在自然環境中會磨得比較短而鈍。

幼體

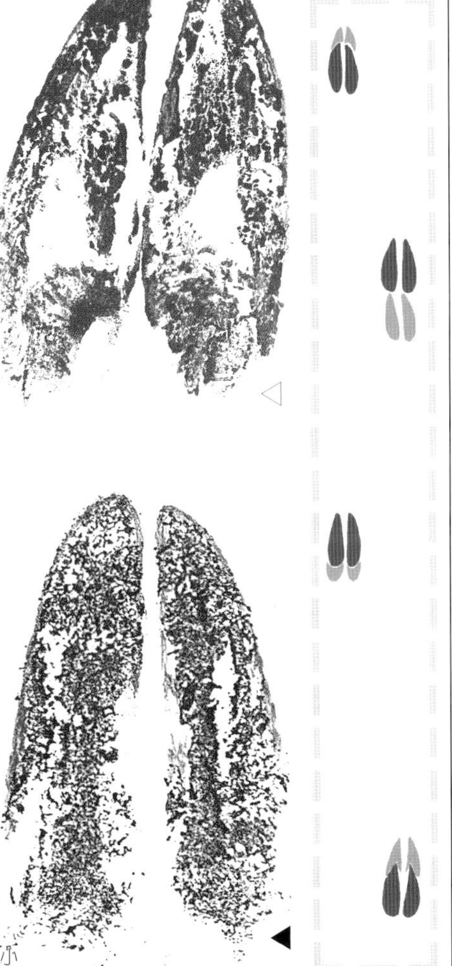

腳印為實物大小

台灣野豬

台灣野豬

嗅覺靈敏的掘食高手

大多數人對家豬的長相並不陌生，而台灣野豬與家豬根本就屬於同種，只是家豬經過了長期的豢養與改良，外型、顏色已與野豬略有差別。向前突出的鼻吻部以及長而上彎的獠牙，是野豬的外型特徵。

特有亞種
偶蹄目／豬科
英名：Formosan Wild Boar
學名：*Sus scrofa taivanus*
別名：山豬
體長：93～180cm
尾長：13～20cm
分佈：台灣全島海拔3000公尺以下未被開發的山林都有牠們的蹤跡，甚至在許多低海拔地區，台灣野豬會越過林地到農耕地上覓食，除雪山和中央山脈各山系之外，陽明山、東部海岸山脈、墾丁地區都還有族群分佈。

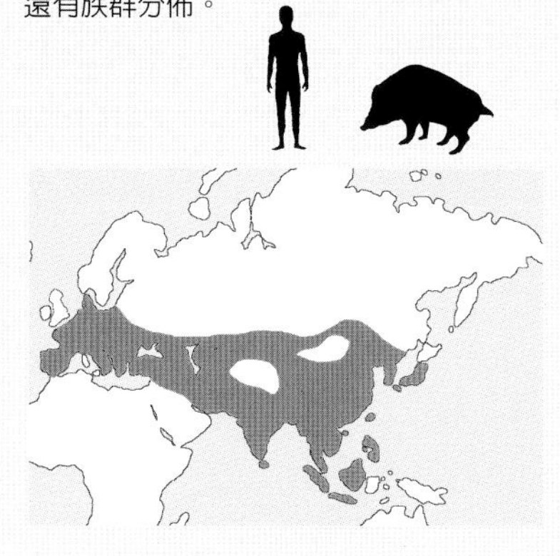

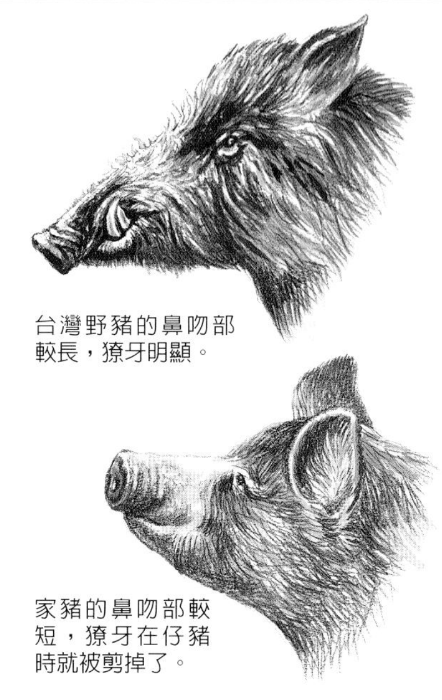

台灣野豬的鼻吻部較長，獠牙明顯。

家豬的鼻吻部較短，獠牙在仔豬時就被剪掉了。

野豬的冬毛較密、毛質較軟，顏色爲鐵灰色；夏毛明顯地較爲稀疏，而且毛質粗剛、顏色較深。從嘴邊到兩頰有些白色的毛，背脊上有較長的「鬃毛」。初生的仔豬身上有褐色縱紋或縱列的斑點，在自然界便成了良好的保護色。

野豬在森林、灌叢或草叢中棲息，並沒有明顯的巢穴，但牠會在休息處用草舖成平台草窩供睡眠或生產用。公豬平時單獨行動，到了繁殖季則常伴隨在母豬身邊，直到生產爲止（母豬一般每胎可生3至6仔）。產後母豬與小豬成群活動（約5至10隻），待小豬長成後，年輕的雄豬會先離群，只留下年輕雌豬繼

初生的小野豬身上有褐色條狀的花紋，在雜草叢中是良好的保護色。

中低海拔森林底層蕨類、姑婆芋和灌木叢生的環境，是台灣野豬常出沒的地方。

續與母親成小群生活在一起。野豬夜間活動較爲頻繁，常到人跡罕至的山徑、林道或溪邊覓食，往往一夜過後，野豬所到之處整片芒草地都被翻拱得非常凌亂。到了白天牠們多半在密林中睡覺。

早年，在台灣的山林中野豬是頗爲活躍的哺乳動物，原住民也以牠爲主要的肉類來源，捕獵野豬成了生活中重要的一環，通常在出發前和狩獵歸來都有傳統的儀式和歌唱，他們甚至把野豬的下顎骨橫串掛在牆上，以顯示獵人的英勇。

形狀特殊的鼻子

豬鼻子是豬最顯著的特徵，它向前突出，在前方形成圓盤狀的鼻鏡，鼻孔在鼻鏡的中間左右各一，鼻部的肌肉可以牽動鼻鏡略爲轉變嗅聞的方向。這鼻子同時也是覓食的重要工具，它可以拱地，翻動土石。爲了強化鼻部的力量，在鼻鏡的中央、鼻軟骨的前方，特別長了

許多原住民在房舍內會懸掛台灣山羊、台灣野豬的頭骨作為裝飾，或作為累計狩獵成果的方式。（上圖）

排灣族中，不論是大頭目或勇士的頭飾，都鑲有當年親自獵殺的野豬獠牙和尾巴。
左圖為來義村大頭目的頭飾；左上圖為義林村勇士的頭飾。

一小塊方形的骨頭，稱爲「吻骨」，由於在暗夜中野豬根本無法用眼睛找尋藏在土中的食物，所以牠們就用經過強化的鼻子，沿途不斷地嗅聞翻動，如推土機般將地面刨起一層土堆，再由位於前方同一平面上的鼻孔嗅聞以找出食物。

野豬身體龐大，但在野外卻少有目睹的機會，這也是因爲牠嗅覺靈敏之故。當有其他動物靠近時，牠早就聞出異樣，只要有任何的威脅感便聞風而逃。

犬齒彎曲稱爲「獠牙」

從側面看野豬的頭骨，像是斜邊在上的直角三角形，牠的上犬齒向上翻轉，下犬齒亦向上彎曲生長，此上下犬齒稱爲「獠牙」。成年的公豬獠牙特別明顯，在覓食時可以用獠牙掀開大石塊，找到躲在石下的蚯蚓、昆蟲等。獠牙的另一項功能則是用來格鬥，包括公豬之間的爭執以及抵禦獵犬的襲擊。在猛烈的衝刺快跑之後，野豬會以近距離甩動頭部，長而利的獠牙就像鐮刀般，一旦被掃到必然皮開肉綻。但若不幸弄斷了獠牙，也可能暫時屈居劣勢，雖然會再長，但速度甚

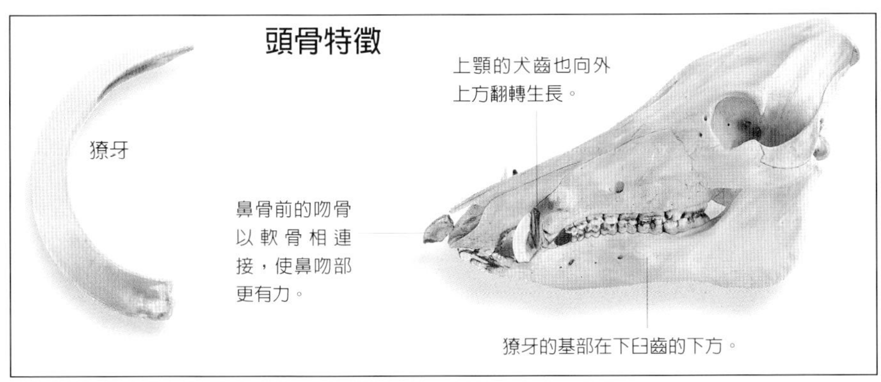

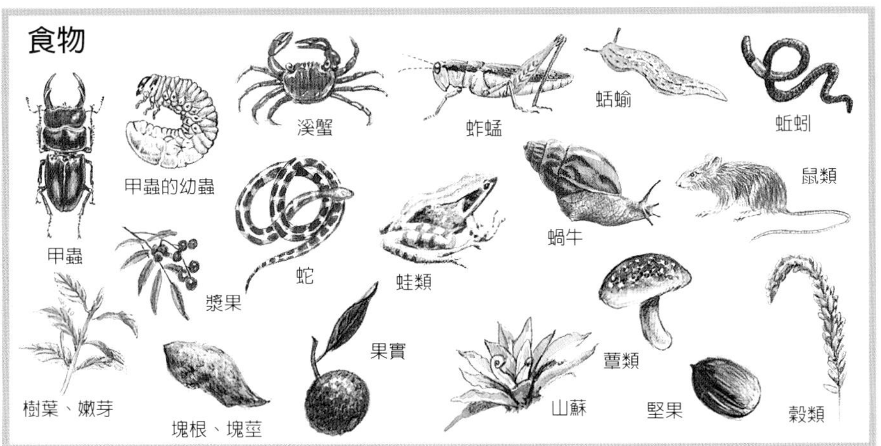

慢。

另一方面，我們在家豬口中並未發現獠牙，但這並非是因豢養而退化，而是養豬者怕牠們用獠牙打架而受傷，於是在初生時便剪了牠們的小獠牙。

偶蹄類中的雜食動物

野豬與其他偶蹄類（如鹿、牛、羊）不同，牠不屬於反芻動物，所以消化道的構造是單胃的型態。

從丘齒型的臼齒看來，可知牠是典型的雜食性動物，食物包括植物的鱗莖、球莖、塊根、嫩芽、穀類、蕨、漿果、核果、蕈、筍、昆蟲（特別喜歡藏在土中的甲殼類幼蟲或蛹）、蚯蚓、蝸牛、螺、蛇、蟹、蛙，甚至連小型的嚙齒類動物及死屍都是牠們的食物。

用泥浴清潔身體

野豬喜歡近溪流的地方，牠不僅會游泳，更喜歡在炎熱的天氣泡水，或是在泥濘的淺坑中打滾，等

炎熱的季節溪水常會乾涸，台灣野豬會找到還有積水的泥坑，在坑內打滾，使身上沾滿泥漿。

台灣野豬在泥浴之後，常找一棵大樹，在樹幹上磨蹭。

泥乾了再找棵樹幹，用力地磨擦背部，所以泥浴除了可以消暑解熱之外，也能除去像壁虱之類的外寄生蟲。當發現泥浴用的淺坑，我們可以從泥上踩踏的腳印看出近日內是否有野豬使用過，若長時間未被使用，則看來只是一灘積水。另外，在泥浴地附近還可以找到磨擦背部的樹幹，樹皮上可以看到泥巴，而樹下除了泥之外，可能還找得到豬毛。

在山林中，野豬活動後的痕跡很容易辨認，常見被翻拱的土地以及東倒西歪的植物，一片零亂。

野外觀察

【**拱痕**】除了上述泥浴留下的痕跡之外，覓食的拱痕也非常明顯，大片東倒西歪的芒草，翻起的石塊、草根，啃落一地的筍殼，都顯示野豬曾經來過。而野豬休息用的草窩大致為圓形，可以從刻意堆高的草或樹枝看出來。

【**排遺**】野豬的排遺量多，不呈顆粒狀，而是有皺褶的長形團塊，深橄欖色，含植物種子及動物碎片。清晨發現的濕潤糞便為當日所排放。

各種蹤跡出現的狀況

目擊	叫聲	食痕	足跡	路徑	啃抓	摩擦	巢穴	排遺	食餘
●		●●●	●●●	●●●			●	●●	●

•很難發現　••偶爾發現　•••經常發現

足跡與步態

野豬是蹄行動物，常在溪邊砂地或泥地留下腳印，前後蹄的型態相似，蹄底厚實。山豬的副蹄是偶蹄目動物中長得比較低的，所以在軟質砂、泥地上有時會有副蹄印出現，但在較硬的地面就可能看不到。在牠常經過的芒草叢下，也會有明顯的獸徑。行走的方式以步行為主，前後兩蹄印常會重疊，雖然身裁短胖，但行走時左右腳之間的步寬非常靠近，而步距約為40～80公分。

野豬經常穿越的山徑會形成明顯的孔道。

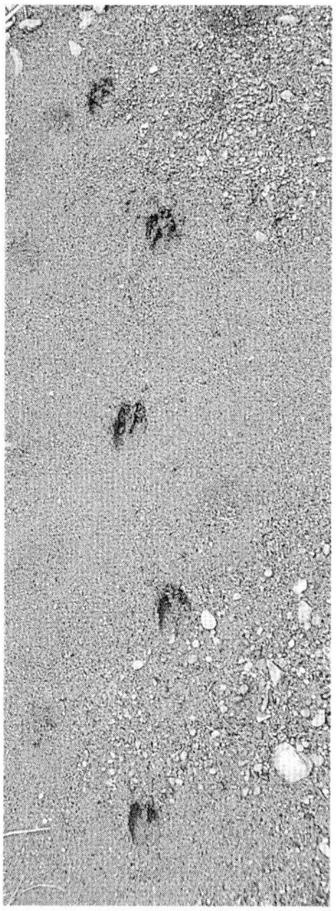

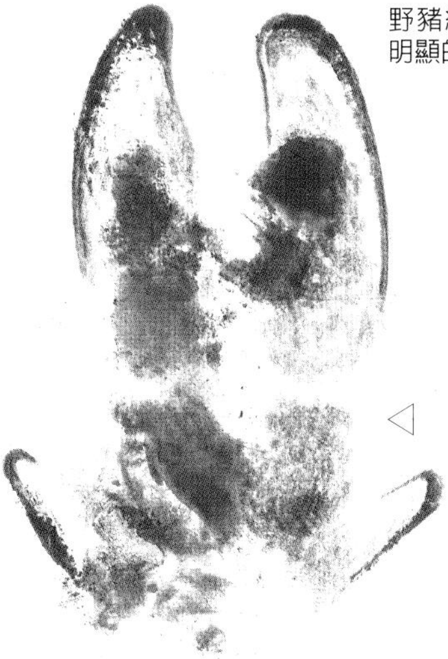

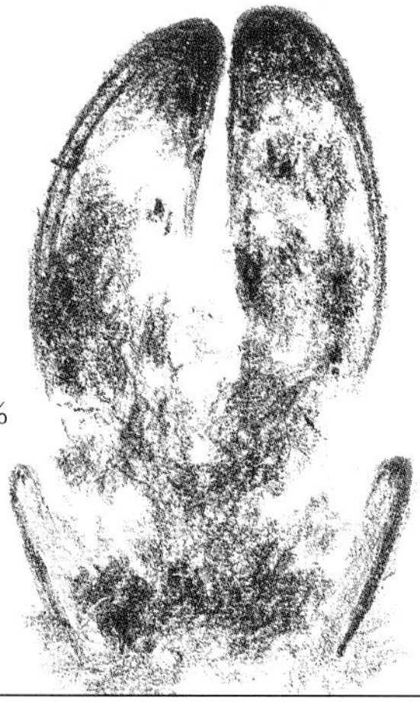

腳印依實物大小×50%

幼體

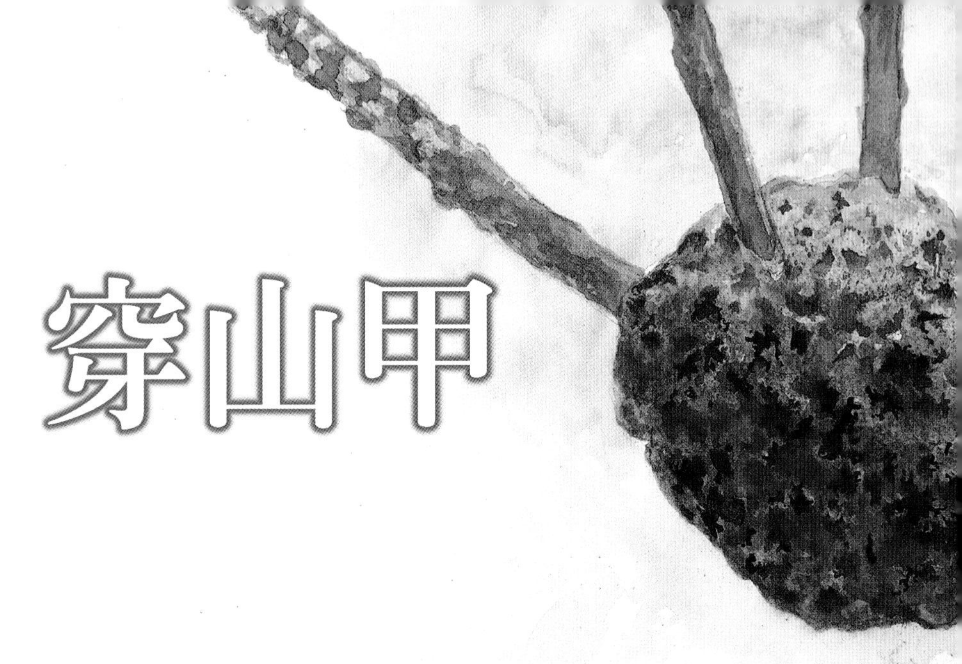

穿山甲

鱗甲目動物簡介：

目前世界上僅存的鱗甲類是穿山甲科動物，較著名的有中國穿山甲、非洲的三尖穿山甲和中非的巨穿山甲，台灣的穿山甲是種源於中國穿山甲的特有亞種。穿山甲身上覆蓋著一片片的鱗甲，休息及遇到敵害時會將身體捲成一團，牠們的食物非常特殊，只吃螞蟻和白蟻，甚至會為了想吃舉尾蟻而爬樹。過去曾因為皮可製革，甲可入藥而遭大量捕殺，目前只零星分佈在中、低海拔山區。

特有亞種，珍貴稀有保育類
鱗甲目／穿山甲科
英名：Chinese Pangolin
學名：*Manis pentadactyla pentadactyla*
別名：鯪鯉
體長：50～56.1cm
尾長：30～40cm
分佈：台灣各地山區從低海拔山麓至海拔約2000公尺均有分佈，最常出現在海拔500公尺左右。

穿山甲

身披甲冑的哺乳類

由於穿山甲以螞蟻、白蟻爲主食，很多人誤以爲牠和「食蟻獸」有關。事實上屬於貧齒目動物的食蟻獸生長在南美洲的沼澤、草原及森林中，牠全身長毛而無鱗片，外型與穿山甲全然不同。不過，若以其口內無牙齒而有長舌頭和發達的唾液腺，而前爪又以中央指爪最長而兩側漸小的特徵來看，在演化上又與穿山甲類似。

穿山甲是台灣唯一的鱗甲目動物，這一類的動物身上覆蓋著魚鱗狀的角質甲片，臉部及腹內側沒有鱗片而長著稀疏的毛，甲片之間也有少數的毛長出，這些粗剛的毛質可以緩和鱗片間的磨擦。牠們的前腳爪特別強壯，適合挖掘；寬厚的尾部上下也都覆有鱗片。

穿山甲英文名稱源自於馬來西亞

食蟻獸

又長又靈活的舌頭，上面充滿黏性良好的唾液，可以沾黏蟻類。

文，字意為「可捲成球狀的動物」，當牠休息或逃避敵害時便捲成一團，將頭包在中間，看起來眞的很像球。由於穿山甲行動緩慢且無小牙，雖有利爪卻也不適合用做攻擊的武器，遇到肉食動物，「滾開」是極好的方式，所以穿山甲喜歡在坡地活動，免得遇上了敵害而無法一滾了之。牠的眼小、耳也小，鼻吻部沒有鱗甲，嗅覺相當靈敏，細長的舌頭可伸入蟻窩舔食白蟻或螞蟻。由於特殊的身體構造及食性，所以常常在土坡上挖出長長的洞穴，好像要穿山而過似地，所以中文的名稱就叫「穿山甲」。

開闊的雜木林或草坡、砍伐後的

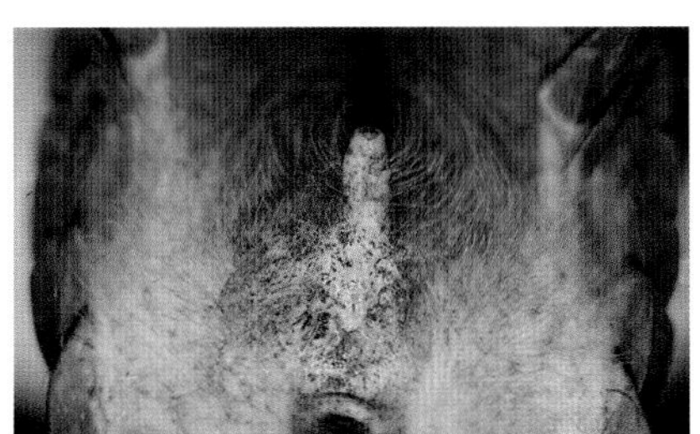

穿山甲的腹部沒有鱗甲，生殖器兩側還有毛的生長。

在樹上當巢的舉尾蟻是穿山甲的主食之一。

頭骨特徵

穿山甲沒有牙齒，沒有顴弓，頭骨結構顯得簡單而平滑。

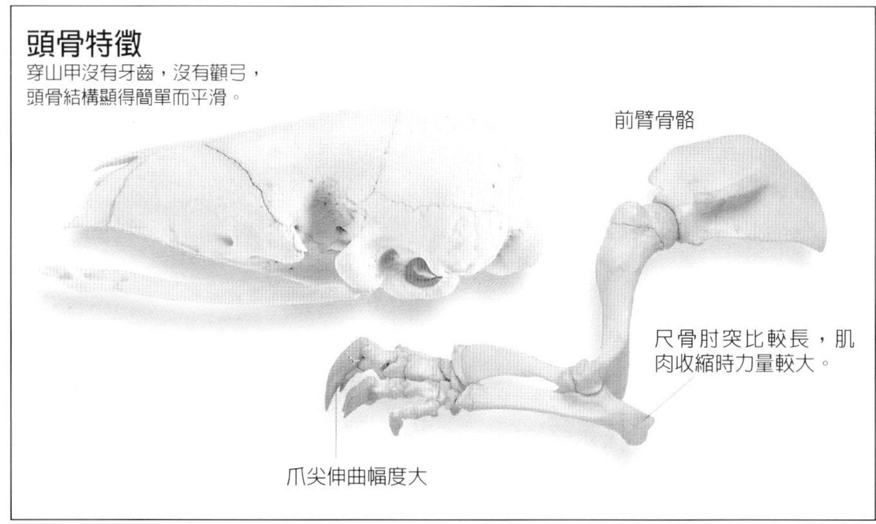

原始林地或開墾地附近，尤其在倒木多的地方，都是穿山甲喜歡的環境。倒木通常有大量的白蟻寄居，穿山甲只要挖穿鬆軟的土層即可深入朽木的根部找尋豐富的食物。另一方面，在緩坡上活動視野佳、躲避快，這也是穿山甲選擇活動環境的重要條件。

尾巴與前肢是生活利器

穿山甲的前爪大而有力，有助於鉤住樹幹攀爬。後腳爪因較小而不利於抓住樹幹，所以牠們先用粗壯的尾巴支撐地面，待前爪鉤住樹幹後再以尾部纏繞樹幹。尾部的鱗甲邊緣銳利，有助於卡住樹幹不下滑，而身體便可以螺旋式向上攀爬。在橫枝上牠還可以倒掛前進，而爬下樹時仍然以頭

遇到敵害時穿山甲會蜷縮成球狀。

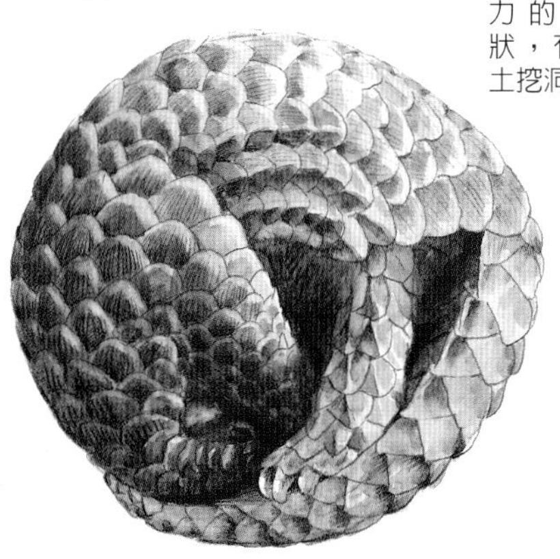

穿山甲前腳的五爪，形成有力的三角錐狀，有利於扒土挖洞。

在上、尾在下的姿勢倒退而行，直到接近地面或遇到干擾，便直接落下。

穿山甲的前肢雖然短，但是卻在肘關節處形成槓桿原理般省力的力臂，加強了下挖的力量。此外，位在中央的第三爪長達5公分，兩側二、四爪較短，一、五爪更短，當這五爪聚縮在一起時即成爲一個三角錐體，具有挖開土石的能力；爪尖與指骨間的關節可以做大幅度的曲伸，更加強了撥開土石的靈活性。

舌與食性

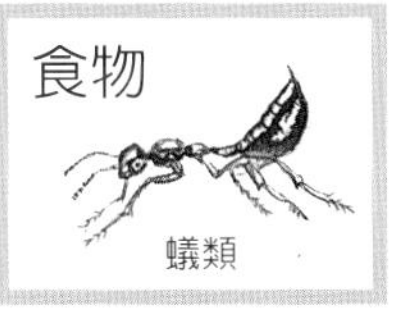

穿山甲最常吃的是在樹上結巢的舉尾蟻以及枯樹倒木中的白蟻。當牠爬上樹幹找到舉尾蟻巢之後，就用前爪將巢抓開，此時舉尾蟻會一湧而出，穿山甲便用長舌左右來回地舔食。而有白蟻寄居的枯木或樹根部，穿山甲也會用前爪將腐朽的外層或樹皮刨開，舔食四下逃竄的白蟻。牠的舌頭表面有具黏性的唾液，可以沾粘螞蟻送入口中。穿山甲的唾液量多

廣泛存在枯木之中的白蟻也是穿山甲愛吃的食物。枯倒的腐木以及表層疏鬆的樹皮下，穿山甲會一再地前來尋找白蟻。

是因爲頸旁有發達的唾液腺；舌頭能伸長是因爲舌肌向胸部延伸，達到胸骨末端，而一般動物的舌肌只到咽喉部。當我們測量一隻全長（含尾部）56公分的穿山甲，牠伸出在口外的舌部分就可長達9公分。

根據大部分的觀察都指出，穿山甲對蟻窩不會趕盡殺絕，牠總是會留下一些螞蟻，待蟻群恢復數量之後再來光顧。

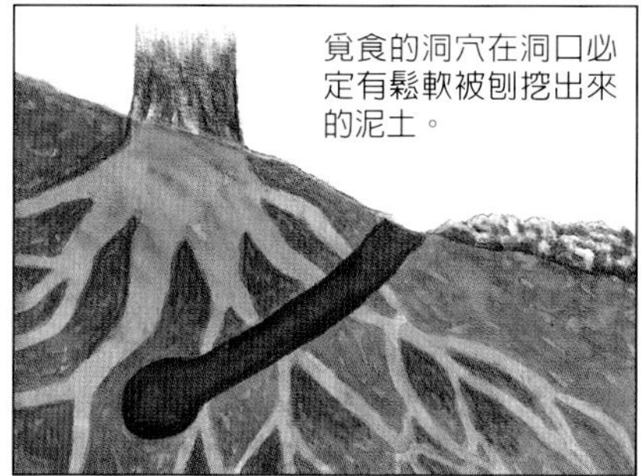
覓食的洞穴在洞口必定有鬆軟被刨挖出來的泥土。

野外觀察

穿山甲的洞穴是野外較容易發現的蹤跡。此外，有白蟻寄居的樹根部或枯木，可留心觀察有無穿山甲扒抓的痕跡。

【覓食的洞穴】在厚土層的山坡上，穿山甲會斜斜地向下挖洞，洞的深度較居住的洞穴淺，常可看到洞底，洞口堆著被撥出洞外的黃土，洞口的大小乃依穿山甲的身裁大小而定。這樣的洞穴附近多半在有枯樹，據推測此穴乃與覓食有關，同時也可做爲臨時休息和避敵之用。

【居住的洞穴】洞口多半開在較垂直的山坡，而且周圍排水良好、遮蔽少、採光佳，這種用來長久居

居住的洞穴因經常性的使用，使得洞口的土壤往往已被踩踏得硬實，不見鬆土。

覓食用的洞穴可見挖出的土堆在洞口，較為鬆軟。

洞口裝置的捕獸套索曾使得穿山甲族群面臨危機，現在已明令禁止，希望族群因而有復甦的機會。

住的洞穴，洞口會因為經常踩踏而變得平滑不長草。自洞口向內深入可達3至5公尺，深入洞後會有不同形式的分叉，而且常有另一出口。在洞的中央或末端往往有較大空間的臥室，直徑約有30至60公分，臥室內會用些樹葉或蕨葉為襯墊，在繁殖期這種臥室也兼做產房用。然而從居住洞穴的尺寸並無法斷定洞內的穿山甲的大小，因為小穿山甲也會利用大穿山甲的舊洞。

這兩種洞穴都可從洞口有無蜘蛛網而看出近日內是否曾有穿山甲棲息，有穿山甲進出的洞口不會有蜘蛛絲。此外，有些曾追蹤穿山甲的人指出，如果穿山甲在洞內，則洞口會有蒼蠅停留、飛繞或有枯枝爛葉被拖進洞中，但這現象也可能是有蛇類佔據了牠們的洞穴，觀察者千萬不要伸手一探究竟，以免危險。

【**排遺**】穿山甲的排遺爲細長條狀，顏色隨著所吃的蟻種而不同，若吃的是舉尾蟻則排遺爲黑色，其中仍可見養份被吸乾了的蟻身；若吃了白蟻則顏色爲棕色，僅白蟻頭部較難被完全消化。然而據觀察顯示：穿山甲會在地上刨一淺坑排便後再覆土，所以在野外見到排遺的機會也並不多。

各種蹤跡出現的狀況

目擊	叫聲	食痕	足跡	路徑	啃抓	摩擦	巢穴	排遺	食餘
		●			●●●		●●		●

●很難發現　●●偶爾發現　●●●經常發現

足跡與步態

穿山甲為蹠行動物，前腳5爪中以中央的第三爪特別長；後腳5爪，但趾已和掌（蹠）部合為一體，根本沒有趾肉墊。所以後腳在地上只有蹠部的踩踏，於是很難留下可以辨別的腳印。前腳在行走時大多以向內收的爪著地，所以也沒有明顯的腳印。又因為穿山甲在行走時尾部會略為提起，因此也不留下連續的尾痕，所以想在地上發現穿山甲的蹤跡是較困難的事。

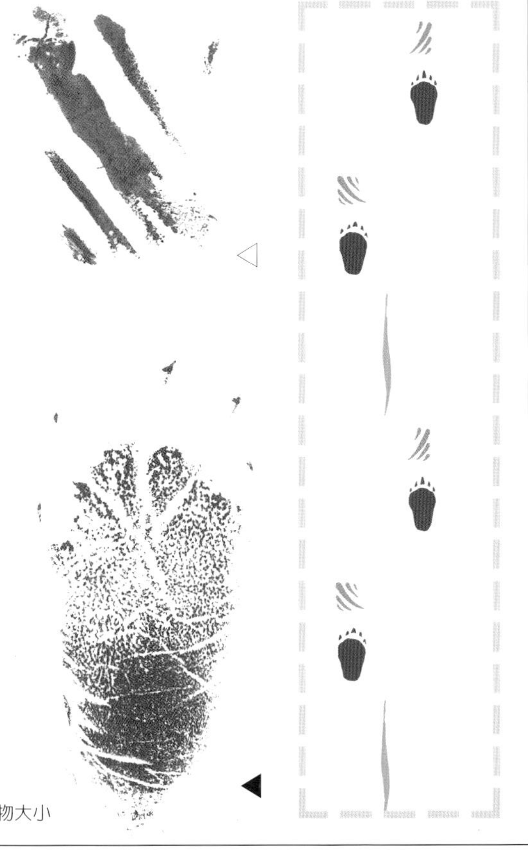

腳印為實物大小

台灣獼猴

靈長目動物簡介：

獼猴、猩猩與人類都是屬於靈長目動物，在東南亞獼猴的種類很多，諸如恒河猴、豬尾猴、馬來猴和截尾猴等，牠們雖同是獼猴科的動物，但尾巴隨種類而長短不一，不過都屬於群居性動物，有猴王以及不同地位的社會階級。獼猴在樹林裡跳躍擺盪非常靈活，除了手可以抓握之外，腳也像手一樣可以抓住樹幹。台灣野生的靈長目動物只有台灣獼猴一種。

台灣特有種，珍貴稀有保育類
靈長目／獼猴科
英名：Formosan Macaque，Formosan Rock-Monkey
學名：*Macaca cyclopis*
別名：猴子
體長：36～65cm
尾長：26～46cm
分佈：台灣獼猴的分佈包括雪山山脈、中央山脈各山系，台北大屯山和七星山、東部海岸山脈、高雄柴山以及墾丁地區。海拔高度從平地到3300公尺處均能生存，其中棲息於高海拔的獼猴，在天候轉寒時會往中海拔地區做季節性遷移。目前各山林保護區及國家公園內，因保育工作的執行頗具成效，台灣獼猴的數量已快速增加而普遍可見。

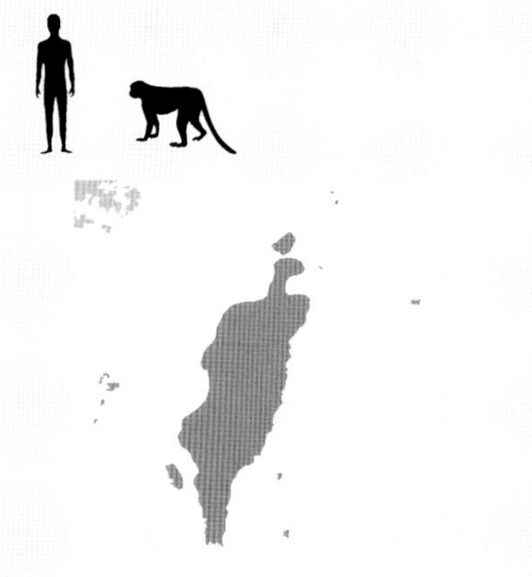

台灣獼猴

日行性的群居動物

全世界共約有十多種獼猴，大多分佈在東南亞地區。就外型來說，並不是每一種獼猴都有長長的尾巴，隨種類不同，尾巴的長短差異頗大。其中馬來猴的尾巴比例最長；北非與日本各有一種幾乎沒有尾巴的獼猴；台灣的獼猴長有長尾巴，是本地的特有種。

台灣獼猴和人類一樣屬於靈長類動物。兩眼前視，位於顏面的同一平面上；鼻吻部縮短，臉上裸露無毛。全身披著毛尖泛土黃色的灰色長毛，掌面無毛並有與人類相似的明顯紋路。牠們的手腳均能抓握，就這一點來說，可比人類強得多，

日本獼猴

爬樹相當輕鬆俐落。雖然台灣獼猴也會人立用腳行走，但在地面上多半還是以四肢行動爲主。

亞熱帶、溫帶和亞寒帶的天然森林是台灣獼猴主要的棲地，牠們最喜歡有溪流的原始闊葉林。在柴山和墾丁地區一些已因地殼變動而遠離海岸的高位珊瑚礁環境裡，常見有猴群的活動。夜裡牠們會找一處不受干擾的大樹或岩壁下休息。

人類在生活習性上原是「日出而做，日落而息」，這與同是靈長類的獼猴頗爲近似。牠們是日行性的群居動物，從清晨到8點以前大約是每天的早餐時間，之後直到下午的兩點半以後才又再度進食，其間多半休息或隨興與同伴理毛、玩耍。通常猴群的大小隨海拔高度而有不同，低海拔較爲大群，高海拔常成小群活動。

台灣獼猴是群居的動物，尤其是幼猴，會跟隨在母猴身邊學習許多生活技能。

猴群的移動

猴群的生活以一隻成年的雄猴爲核心，這隻「猴王」具有領導地位。猴群由固定的成員組成，據原住民的描述，一個猴群通常有數隻到數十隻不等的獼猴，當牠們成群

台灣獼猴的分佈非常廣，食物豐富的闊葉林是主要的棲地。

經過樹林的時候，走在第一線的多半是好動的小猴。雖然小猴活潑好動，但警覺性也高，一發現異常動靜便立刻尖叫退避，而走在第二線的母猴及未成年的雌、雄猴，聞聲之後會立即保護小猴並準備迎戰，若真有敵害出現，走在第二線後方的猴王則挺身衝出驅走敵害。通常，走在最後的是老弱的雌猴；至於那些自領導地位敗下陣來的年老雄猴，多半會離開猴群，成為「孤猴」。原住民中有多族就是以這樣的孤猴為主要的獵殺對象。

搖樹具有威嚇作用

在休息覓食間，猴群中成年的個體也隨時警戒著周圍環境，當有人或猛禽接近，或是打雷、飛機經過的時候，這些成年獼猴會翹著屁股，伏身前望。一旦確定敵害存在時，牠們就在直立的樹梢枝幹上猛力地前後搖晃；或是在平展的橫枝上上下跳躍，使樹葉因搖動而發出「沙沙」的聲響，並同時發出「喀喀」的叫聲以產生威嚇的作用。若是威嚇同類，則張口做出呲牙裂嘴的動作或追擊驅趕，而弱勢的一方則尖叫逃跑。

猴子的紅屁股

成熟的雌猴在臀部到會陰部有一片沒有長毛的皮膚，稱為「性皮」，這片皮膚在性成熟的時候會腫脹變紅，但並不十分明顯，等到秋冬繁殖的季節，性皮就會充血腫脹，整個尾根下方呈紅色而且有些皺摺，甚至也帶著血跡好像是月經來潮一般。這之後便進入跨騎交配、受孕的時期。跨騎的行為除了出現在交配時的成年雄雌猴身上，未成年猴或幼猴有時也會有此動作，可能是玩耍及練習的行為。

雌猴成年發情時，臀部周圍的皮膚顯著地腫脹變紅，稱為「性皮」。

「理毛」是猴群間友善與臣服的行為。

「跨騎」的動作不一定在兩性交配的時候才發生，在猴群中平時就有這樣的舉動。

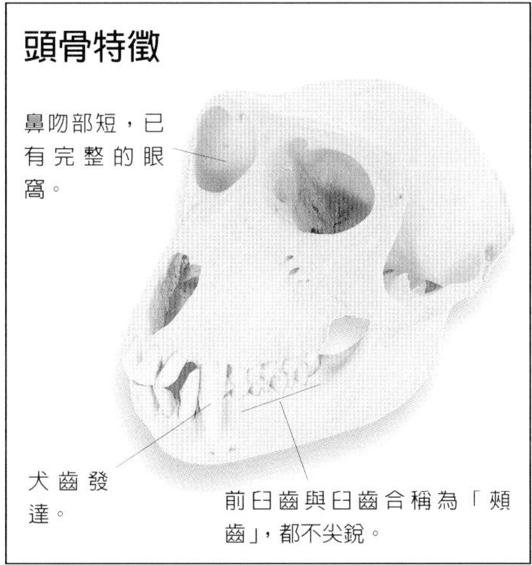

友善的相互理毛

理毛的行爲常發生在白天休息的時候，除了各自爲自己搔癢或在毛間撥弄之外，常常是獼猴之間互相整理。看牠們仔仔細細地將毛一撮一撮地撥開，用靈巧的手將皮膚上的小東西放進嘴裡，再用牙尖啃咬，有時甚至低頭直接啃咬，十足慎重認眞。至於牠們啃的究竟是什麼東西？根據觀察大概是些如虱、蚤、蜱之類的外寄生蟲，或者是皮屑及鉤在毛上的小種子。但不論是何物，理毛的行爲表達了彼此間的友善。在群體中有時也會出現主動

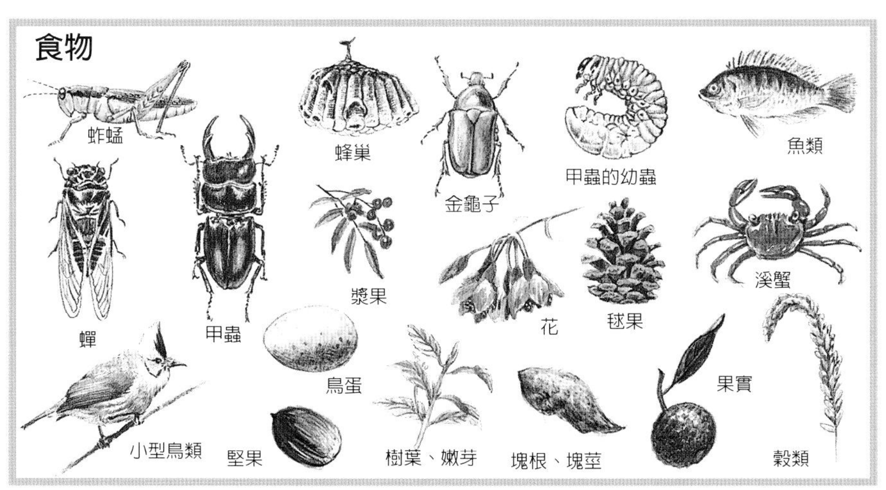

芒草的嫩莖也是台灣獼猴的食物，但多半只啃幾口就丟棄；上圖為芽尖被啃食的芒草區。

要求理毛的行爲，牠們多半以背朝著受邀的一方，臀部抬高，前肢低伏，回頭看著對方，除了表示友善也充滿了臣服的意味。

獼猴會不會說話

人類已進步到用語言溝通，至於獼猴如何呢？動物學家曾觀察出台灣獼猴有「唇動」、頭皮縮動、眉毛上揚、頭上的毛和耳朵平貼於頭部以及唇部快速的動作等。有時獼猴甚至還眞的發出聲音，但音調單純。這種「唇動」的方式，具有臣服、撫慰及減少敵對的作用，與非洲部份原住民以唇舌發聲的情形相似，或許「唇動」眞的就是人類最早期的語言。

食物種類繁多

台灣獼猴是雜食性動物，主要以植物的花、果實、種子、嫩芽、嫩莖、葉柄和昆蟲爲食。在海邊也會捉些魚蝦螃蟹來吃，要是碰上了鳥巢中的蛋或雛鳥也照吃不誤。植物性的食物隨著棲地而略有差異，包括了山菊、高山芒草、山黃麻、樟、大葉楠、山桐子、榕屬植物、蔓藤、山肉桂、青剛櫟、台灣欅、水苧麻、血桐、構樹、桂竹筍、箭竹筍、苦楝、大葉山欖和針葉樹的毬果等，獼猴主要是依時令而從這麼多樣的食物中選擇取食。獼猴摘食果實的情形非常浪費，不管果子熟了沒有，隨手便抓來咬一口，發覺青澀未成熟則隨手丟棄。遇到味甜好吃的，便猛塞入口中，存在口頰兩側的「頰囊」內，等找到一處無人打擾的安穩地方，便坐下來快快以手推或肩膀頂壓頰囊，將食物再推入口腔，慢慢享用。在柴山等地區的獼猴已習慣被人餵食，吃的食物也就更複雜，同時也漸漸對人類給予的食物產生了依賴。

野外觀察

【路徑】腳印除了會留在水邊砂地上之外，其他林區內非常少見。

台灣獼猴在溪邊摳挖石塊的兩側找尋可吃的食物所留下的痕跡。

台灣獼猴的處境

由於保護野生動物的法令頒佈施行，台灣獼猴的族群於是能順利繁衍。但另一方面，當獼猴的數量增加之後，往往越過了保育區的範圍而侵入果園找尋食物，而為農民帶來不小的困擾。然而人類開發的腳步不曾稍停，越來越廣泛的開墾，也使得猴群的生活領域日益縮小而不足，這之間於是形成了越演越烈的拉鋸戰和抗衡。

人類與野生動物類似這樣的衝突層出不窮，人類能做的應是不要超限開發山林地，否則我們怎能在佔了牠們的棲地之後，反過來責怪是牠們入侵呢？

在保育法令尚未實施之前，許多民衆會將被捕的小猴子帶回家當寵物，起初還覺得乖巧，但漸漸成長之後就顯得不太安份，最後只好一直將牠關在籠中，在我的動物醫院中曾親眼目睹許多不幸的事件，這些被關在小小牢籠中的台灣獼猴，已然了無生趣並奄奄一息。人類若強要將野生動物當作「寵物」飼養，只會造成更多不幸事件。另一方面，目前有些地區的台灣獼猴，長久以來已經非常習慣人們提供食物及餵養，這也漸漸使牠們喪失了許多生動的本性，就自然觀察的角度而言，何嘗不是人類的損失，更何況兩者之間還可能冒著疾病互相傳染的危險。

排遺內含有大量植物種子。

獼猴大都在樹上高來高去，所經之處殘枝落葉一片凌亂；遇到山崖牠們仍能貼壁橫越，甚至在陡峭的碎石坡上也會像溜滑梯般地溜下，造成更多的碎石崩落，形成明顯的路徑。

【**覓食特性**】獼猴習慣邊走邊吃，在覓食的時段內，所經之處常可見到被啃了心的芒草，被吃了芽的筍鞘以及隨手丟棄的酸澀青果。

【**排遺**】獼猴往往隨地大小便，行經之地無論是河床岩石上或山徑地面上，都可以見到長短不一的糞便，乾濕軟硬程度也不同，有些甚至像腹瀉的樣子。還有些從樹上直接排下，那麼形狀就隨高度而不同，依自由落體的原理，成小堆、圓餅、一灘不等，內含物多數是植物纖維和種子。顏色多爲青綠至墨綠色。

各種蹤跡出現的狀況

目擊	叫聲	食痕	足跡	路徑	啃抓	摩擦	巢穴	排遺	食餘
●●●	●●●	●●	●●	●●				●●●	●●●

•很難發現　••偶爾發現　•••經常發現

足跡與步態

蹠行。前後均為五趾，拇趾較短，其他各趾長而可彎曲，趾掌（蹠）面有紋路，在河邊砂地常留下腳印，趾頭會插入砂中陷得較深。

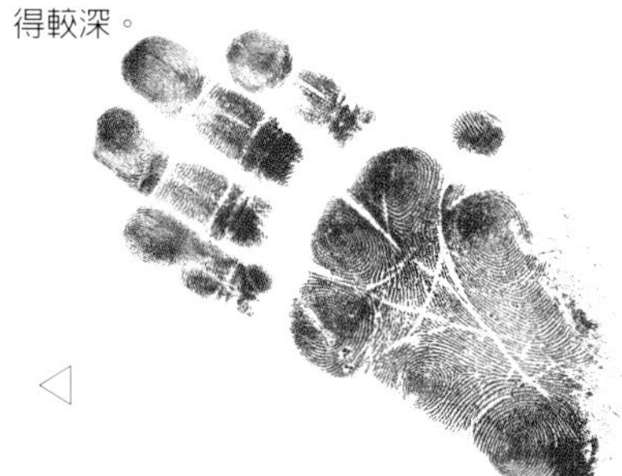
◁

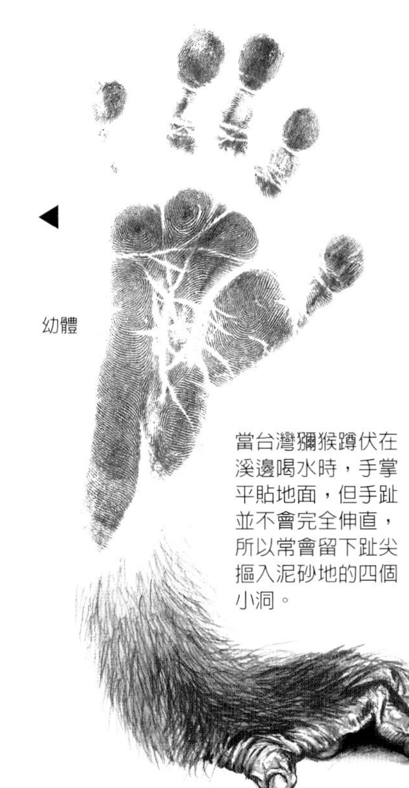
◀

幼體

當台灣獼猴蹲伏在溪邊喝水時，手掌平貼地面，但手趾並不會完全伸直，所以常會留下趾尖摳入泥砂地的四個小洞。

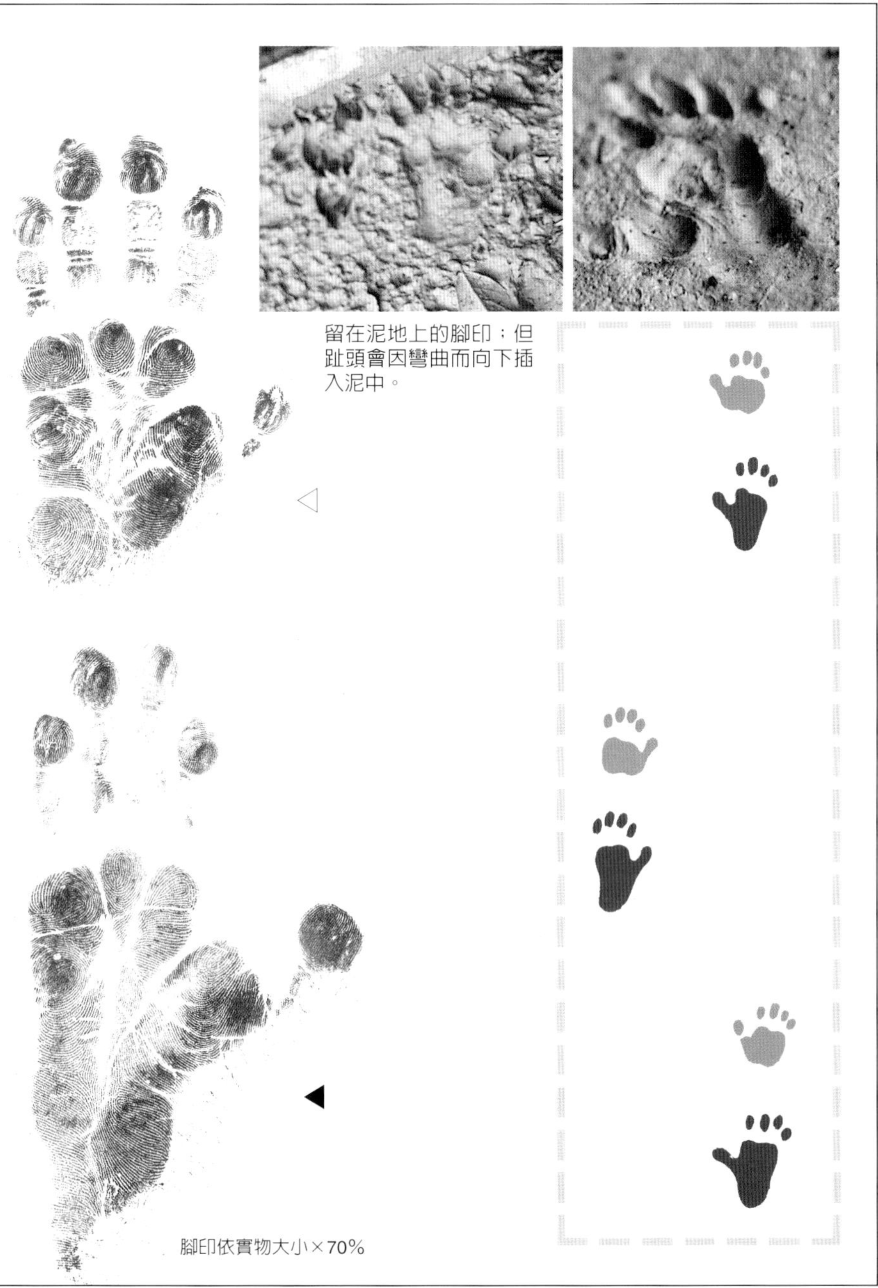

留在泥地上的腳印：但趾頭會因彎曲而向下插入泥中。

腳印依實物大小×70%

1998.5.

台灣黑熊

食肉目動物簡介：

口中長而銳利的犬齒是食肉目動物必定具有的特徵，牠們大多數以動物為主食，但熊和白鼻心也吃多種植物的果實。雖然「食肉」一詞讓人聽起來覺得這一目的動物都相當凶猛，其實牠們卻是自然生態中很脆弱的一群，因為不論是在食物網或能量的循環上，食肉目動物都站在較高的位階，當牠們的獵物大量減少時，便直接影響到牠們的生存。狗雖然也是常見的食肉動物，然而被稱為「台灣土狗」的犬科動物並不是台灣的野生動物。台灣的食肉目動物共有貂科5種（新的一種小黃鼠狼為林良恭教授發現，但目前尚未命名）、靈貓科2種、獴科1種，貓科2種和熊科1種，其中鼬獾和黃鼠狼目前還算有穩定的族群數量，而水獺和雲豹幾乎已經在台灣絕種了。

台灣黑熊

行蹤飄忽的山中巨靈

全世界的熊共有三個屬八個種，南美洲特殊的眼鏡熊、最擅長捕魚的棕熊、巨大雪白的北極熊、身軀矯健的馬來熊、瀕臨絕種的大貓熊

特有亞種，瀕臨絕種保育類
食肉目／熊科
英名：Formosan Black Bear
學名：*Ursus thibetanus formosanus*
別名：狗熊
體長：120～160cm
尾長：10cm
分佈：中央山脈海拔1000至3000公尺是台灣黑熊最常出現的範圍，但在高海拔食物缺乏的時候也會下到低海拔處，在山屋或農村附近覓食。

……，對於這些頭大、耳小、外形笨拙、四肢粗壯的熊，人類總心存戒慎與恐懼。

台灣黑熊屬於亞洲黑熊的一支，是台灣唯一的熊科動物，同時也是台灣的食肉目動物中體型最大的一種，成年黑熊的體重可達一百多公斤。牠的胸前有一片明顯的V字形白毛，頷部也有一撮白毛，全身毛質粗剛，顏色黑亮有光澤，就算在冬季也幾乎不長絨毛。成年的黑熊頸部兩側長出長約10公分的長毛，使頸部看起來非常粗短。由於鼻吻部的型態與狗的鼻部有些相似，因此俗稱「狗熊」。在布農族的口傳中，曾描述另有一種毛為棕褐色的熊，但至今仍未證實是否為同一種黑熊。

台灣黑熊生活在森林中，包括針葉林、闊葉林和針闊葉混生林，都是牠們可能的棲息地；然而黑熊並沒有固定的居所，而是隨著林間各種可以做為食物的植物發芽或結果而移棲。大陸北方的亞洲黑熊，在冰天雪地的冬季會進入洞穴冬眠，然而台灣氣候較溫暖，只有在高海拔地區冬天才降雪，此時台灣黑熊只會向中海拔地區移棲，並不冬

台灣黑熊目前大多避居深山，其中以長有巨木可供棲身的檜木林，又有殼斗科植物所結堅果可供食用的山區是牠們最喜歡的地方。

作者身後巨大中空的樹幹正是黑熊喜歡的藏身之處。

眠，如果遇到特別冷的寒流，只好在大樹洞或岩洞中躲避，待轉暖之後再繼續活動。

雖然有很多原住民、登山客和林務工作人員都曾在白天看到熊出沒，甚至已有研究人員在白天拍攝到熊行走於溪谷中，但也有許多人目睹熊於夜晚接近山屋，或下到農莊偷食農作物或雞鴨，根據這些觀察記錄，黑熊應是晝夜都會活動的動物。

台灣黑熊非常喜歡泡水，雖然身軀龐大但泳技不錯。

多樣的行動力

大部分的哺乳動物都可以前腳離地直立起來，但這同時後腳卻只能彎曲蹲坐著，然而黑熊站立起來的時候是後腳完全伸直，臀部離開地面，就像人站立一樣，這種動作稱為「人立」。黑熊不只能站起來，還能像人一樣行走，這對身軀龐大的動物來說非常特殊，只不過人立時黑熊的行動緩慢，僅在探察嗅聞周圍環境時才會用這個姿勢，平時仍多以四肢緩慢行走，當牠們要追逐獵物或逃避獵人時，還是得用四條腿急奔才會跑得快。

黑熊雖然身裁壯碩，但仍可以輕鬆地游泳渡溪，也可靈活地攀爬樹幹。上樹多半是為了採食，牠常會將樹枝折斷，啃食後並不任意丟下地來，而是放在一處樹幹的分叉上，遠看像是個粗糙的鳥巢。也有人目擊黑熊四肢自然下垂，趴在橫向伸出的粗枝幹上休息，這也可能是上樹的另一目的。上下樹時，前後肢的

黑熊人立的動作。

頭骨特徵

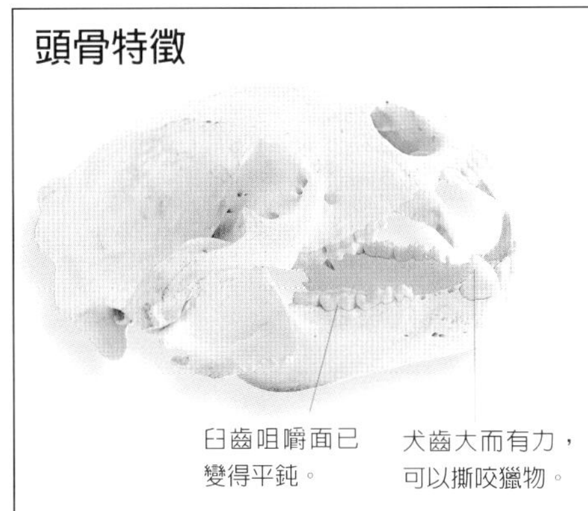

利爪是不使身體下滑的主要力量，所以腳的爪痕會在樹皮上清楚地留下。熊以臀部朝下的倒退姿勢下樹，動作既慢也不靈活，甚至有時還會滑落地面。

從牙齒看熊的食性

台灣黑熊雖然屬於食肉目，但在牙齒方面，除了保有強大的犬齒可以撕咬肉類之外，臼齒的咀嚼面已變得平鈍，不像同一目中以肉爲主食的動物（如雲豹）臼齒的齒尖相當明顯，所以在功能上熊的臼齒適於咀嚼植物性食物，因而屬於雜食性。

由於卡通影片的薰陶，一般人都認爲熊愛吃蜜，事實上熊吃的不只是蜜，蜂蛹和蜂本身都是牠愛吃的食物。雜食性的台灣黑熊以植物性食物爲主，包括各種植物的嫩芽、種子、漿果、堅果和核果，冬天當其他食物缺乏時，殼斗科中的青剛

食物

櫟、鬼櫟等堅果便成爲黑熊的主食。而動物性食物方面包括了蚯蚓、蜂、白蟻、蝦、蟹、蛙、鳥蛋和松鼠等，牠們更會搬走中了陷阱的山羌、山羊，無論死活都是美食一頓。

遇到熊怎麼辦

台灣黑熊平常都是單獨活動，只有育兒中的母熊會和仔熊同行。在野外若遇到單獨活動的熊，只要大聲驚嚇或敲打器皿就可以嚇走牠，

在動物園裡也常看到黑熊在岩壁上磨背搔癢。

若與牠尚有一段距離，則可不動聲色靜待牠離開。可是若見母熊與仔熊在一起時，則非但儘可能不要接近，而且要迅速走避，因爲此時的母熊爲了護仔會變得凶暴異常。裝死或爬樹都是行不通的，因爲熊連屍體也照吃，爬樹又比人快，可千萬別被寓言故事中的情節誤導了。另外，從事野外調查的工作者建議，使用特殊氣味的防身噴霧劑，可以有效地驅走不期而遇的黑熊。

野外觀察

【樹幹上的痕跡】除了爬樹時會在樹幹上留下四爪（拇趾爪痕不易留下）鉤入樹皮的痕跡外，黑熊還

樹上留下的黑熊磨爪痕。

會在樹幹上猛力磨爪，留下幾道平行的爪痕。有時熊也會在粗糙的大樹幹上磨背，樹皮上也會留下卡在隙縫中的黑毛。

【排遺】黑熊的排遺也是台灣野生哺乳動物中最粗的，直徑可達5公分。一堆排遺中，有長度不等的數段呈不規則條狀，內容物及顏色完全依當時吃下的食物種類而異，不過經常會有漿果的種子、堅果的外殼，甚至有消化不完全的蜂。黑熊排便並無固定的場所，同時也不掩蓋，在棲息地應有機會觀察到。

各種蹤跡出現的狀況

目擊	叫聲	食痕	足跡	路徑	啃抓	摩擦	巢穴	排遺	食餘
•			••		•	•	••	•	•

•很難發現　••偶爾發現　•••經常發現

足跡與步態

黑熊是標準的蹠行動物，前後腳均為五趾，牠的腳印是台灣陸生哺乳類中最大的，通常五趾深陷泥中，具有明顯的爪印。前腳掌部明顯，而腕肉墊不一定會印在地面上；後腳掌則多數會留下完整的足跡。行走的方式通常為慢步，在長滿灌叢、芒草的陡坡上，也能直上直下行走自如，常橫越人走的山徑。

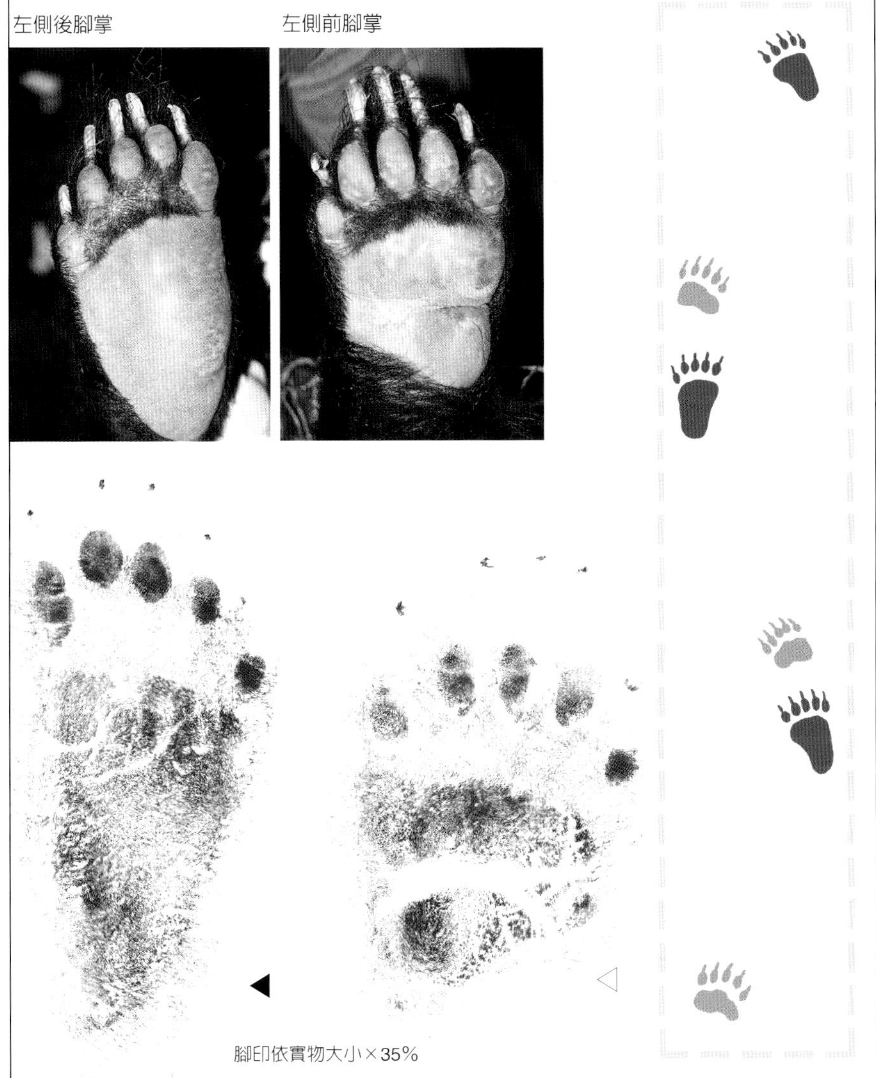

腳印依實物大小×35%

黃喉貂

黃喉貂

美麗而兇猛的群獵者

特有亞種，珍貴稀有保育類
食肉目／貂科
英名：Formosan Yellow-throated Marten
學名：*Martes flavigula chrysospila*
別名：羌仔虎、青鼬、黃頸鼬
體長：44.5～46cm
尾長：35～37cm
分佈：原本在低海拔的山麓至2000公尺的山區都有分佈的記錄，日籍動物學者黑田長禮(1940～)也曾提到北投、烏來、埔里、東勢等地都產有黃喉貂，而今北部地區已多年無發現紀錄，只有中、南部山區在國家公園和大武山、霧頭山自然保護區的動物相調查報告中，還記錄著這種外觀美麗的貂科動物。

貂科動物總給人性情敏捷、毛被高貴的印象。這一科的動物包括了水獺、獾及貂、鼬鼠之類，台灣共有4種，即水獺、鼬獾、黃鼠狼和黃喉貂。

黃喉貂身體修長呈圓棒狀，尾部約爲身體的三分之二長，牠的毛色鮮麗，胸前像是披著金黃色的圍巾，在頭部黑白兩色相襯之下，顯得更爲高貴。這種動物雖然以「黃喉」爲名，但實際上毛色從金黃、暗褐色、黑色乃至白色，變化頗爲豐富，是台灣哺乳動物中相當美麗的一種。

由於黃喉貂發現的紀錄不多，在台灣也沒有專門針對牠的調查，到目前詳細的棲地還不爲人知，但大部分發現的紀錄均在森林中。紀錄顯示牠們在白天或晚上，有時單獨，有時2至3隻成小群一起活動。在『中國動物誌』一書中，也曾描述「黃喉貂在秋冬後略有集群的現象」，而秋冬季也正好是當年夏天繁殖出來的幼貂長大學習獵捕的時候，是否爲母子群則需更多的野外觀察才能明瞭。

通力合作獵捕山羌

黃喉貂又名「羌仔虎」，雖然山羌的體型較大，但是許多原住民都描述他們曾看過兩隻以上的黃喉貂合作獵捕山羌的情形。無論是夫妻或是母子通力合作，總之追捕山羌不是一隻黃喉貂獨力辦得到的。布農族獵人的口傳描述中提到，黃喉貂會從不同的方向夾擊追趕山羌，並且奮力躍起咬住山羌的頸部、頭部，就在山羌想猛力甩掉的同時，朝山羌的眼睛射出尿液，讓山羌眼睛猛受刺激，一時無法張開雙眼順利逃脫，以增加獵殺成功的機會，牠們更懂得攻擊山羌尾根柔軟的部位，咬住肛門使山羌疼痛失血致死。

這種合作獵捕的方式與狼十分相似，在布農族的口傳文化中曾提到台灣有「狼」，但台灣的野生哺乳類中並沒有犬科的動物，所指的是否就是黃喉貂呢？而海南島當地也將黃喉貂稱爲該島的「狼」，這兩者似乎有不謀而合之處。

黃喉貂的食物

除了合作獵捕山羌之外，黃喉貂也可能合作捕食小山豬、小山羊、小水鹿等大型動物的幼獸。一般單獨獵捕仍以小型動物爲主，牠們也

數隻黃喉貂協力圍捕體型比牠們大的山羌。

會上樹捕食各種松鼠、鼯鼠、鼠類、巢中的幼鳥，甚至較大型的雉科鳥類，也可能攝食昆蟲、蜂蜜、

傳說中黃喉貂最常出現在山羌數量多而灌叢少的生態環境。

魚類和漿果。

野外觀察

【排遺】長條圓形，顏色深暗、略為彎曲，長約十多公分，便頭較粗至便尾較尖細，內含骨碎片、毛或羽毛等，隨著所吃的動物而不同，也可能含有植物性的殘渣。

頭骨特徵

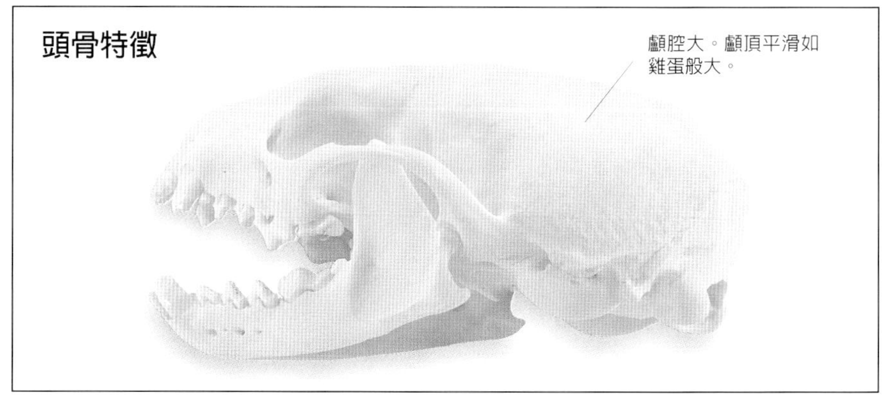

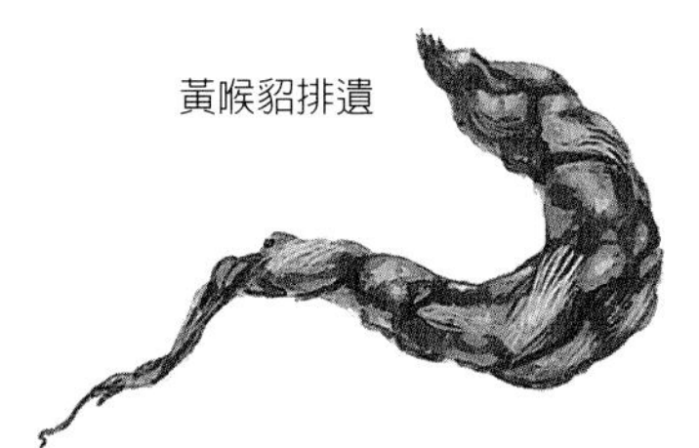

黃喉貂排遺

各種蹤跡出現的狀況

目擊	叫聲	食痕	足跡	路徑	啃抓	摩擦	巢穴	排遺	食餘
●			●					●	

●很難發現　●●偶爾發現　●●●經常發現

足跡與步態

半蹠行。黃喉貂腳下的肉墊非常特殊，前腳五趾，拇趾較小，掌墊4瓣，腕墊2瓣，行走時腕墊也會著地，所以往往會留下較長的腳印；而後腳亦為五趾，拇趾同樣較小，蹠墊4瓣，但缺跟墊，因此行走時後腳只會留下如趾行般的趾和蹠墊腳印，但是實際著地的部位只有接近腳趾到腳跟的一半，於是留下的僅是毛的壓痕，故稱為半蹠行，而且看起來也比前腳稍短一些。足跡中具有爪印。

黃喉貂的行走方式多半為跳躍、奔馳，尤其追捕獵物時更是快速敏捷。

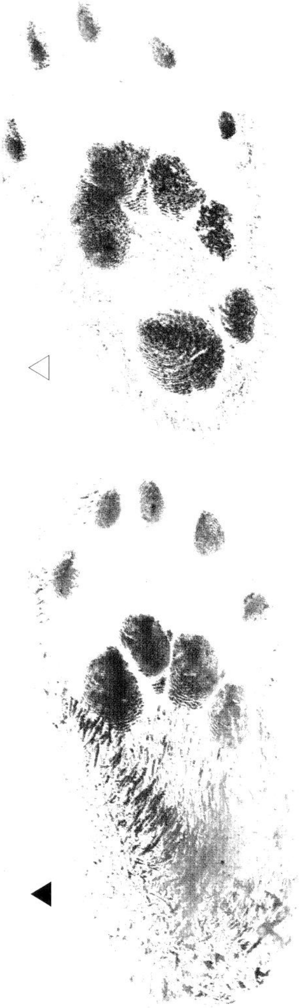

黃鼠狼

黃鼠狼·台灣小黃鼠狼

兩種大膽的小型貂族

黃鼠狼
特有亞種
食肉目／貂科
英名：Golden Weasal
學名：*Mustela sibirica taivana*
別名：黃鼠狼、華南鼬鼠、黃鼬、竹竿狸
體長：25～39cm（雌性體長小於34cm）
尾長：15.4～21cm（雌性尾長小於17cm）
分佈：早年的發現紀錄都在阿里山、太平山等1000至3000公尺的山區，但近年的調查發現中低海拔地區也可見到牠們的蹤跡。

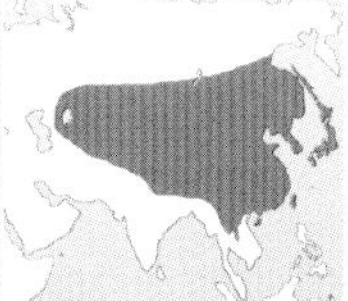

台灣小黃鼠狼
特有種
食肉目／貂科
英名：Taiwanese Least Weasel
學名：*Mustela formosana*
體長：約16cm
尾長：約7cm
分佈：合歡山和玉山等高山地區。

(新增之保育類動物)

黃鼠狼

台灣小黃鼠狼

黃鼠狼身裁嬌小，四肢短，動作靈活，柔軟的身軀適合鑽入小洞穴捕食鼠類，牠們的毛爲棕色，會依季節變化，夏季深，冬季淡，尾長約爲體長的1/2，下唇及喉部有些有不規則的小白斑。1996年林金雄先生在基隆河畔目睹的關渡黃鼠狼毛色爲土黃色，吻部爲黑色，並且點綴著許多雪白的毛，經學者初步分析仍屬同種。

台灣小黃鼠狼與日本的伶鼬類似，曾被誤認爲黃鼠狼幼體，直到西元2000年才由林良恭等學者經DNA分析比對後，發表爲台灣新特有種。數次發現與捕捉的環境都在海拔約2500公尺的高山地區。台灣小黃鼠狼的喉、胸和腹部爲乳白色，其他部位爲棕褐色，尾長短於體長的1/2。食性應與黃鼠狼類似。

低海拔的河岸邊、農墾耕作地、村

黃鼠狼可以鑽進鼠洞捕捉野鼠，通常只要頭伸得進去，身體也不成問題。

莊、闊葉林以及中高海拔的混生林、針葉林、草原、箭竹林的邊緣地帶，這些有山徑經過又有水源的地方，都是黃鼠狼較常出沒的棲地。牠們往往單獨棲息，利用各種現成的洞穴，無固定棲所。每天活動的時間隨著季節而不同，雖然日、夜均會活動，但以傍晚六點到七點活動最頻繁，尤其在陰天、起霧、山嵐籠罩的天候下更爲活躍。母黃鼠狼在育幼期以及教導幼兒捕食技巧的季節，較常於白天出現。冬天，雖然高海拔山區會降雪，但黃鼠狼並不冬眠，然而在食物缺乏的情況下，則可能移棲至海拔較低的地區。

黃鼠狼經常活動的山區環境。（上圖）
在基隆河的支流上，曾有人親眼目睹黃鼠狼在岸邊出現。（右圖）

鑽鼠洞的功夫

以黃鼠狼爪部的構造來看，牠挖洞的能力顯然並不好，所以只好常常鑽入鼠洞，一來有獵物可吃，二來可利用現成的洞穴棲身，一舉兩得。爲了方便鑽進鼠洞，牠的肩部、胸前口及肋骨之間都變得非常柔軟，只要頭部能擠得過去，其他身體的部位都不成問題。

成年的黃鼠狼頭骨的發育已一體成形，各骨片之間大多癒合，幾乎

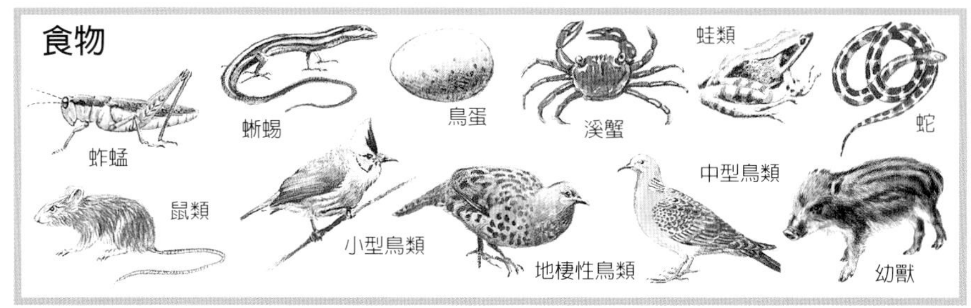

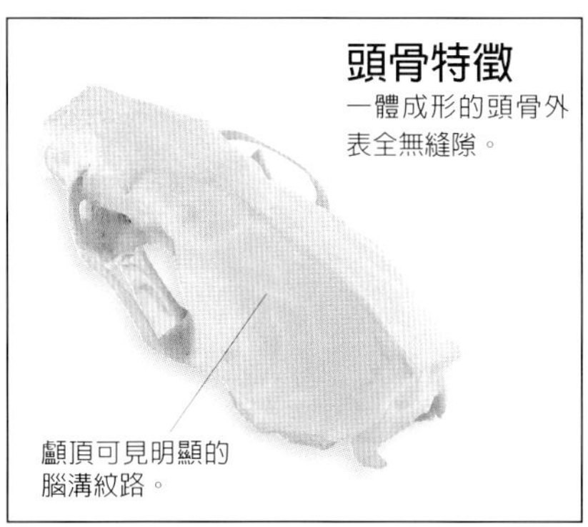

沒有骨縫，不會因外力而改變形狀；顴骨的寬度是頭骨橫切面最寬的部位，雄性約3.4cm，雌性約2.7cm，此部位是能不能進洞的決定性因素。在黃鼠狼的頭頂骨上可以明顯看到像腦溝一樣的紋路，非常特殊。

黃鼠狼的食物

「黃鼠狼給雞拜年」雖然是一句意指「沒安好心眼」的俚語，但也充分指出黃鼠狼會潛入雞舍，鑽入雞籠捕食家禽。這樣的行爲多半在夜晚進行，想必許多登山客都領教過在山屋或營地食物失竊的經驗；更有甚者，大白天眾目睽睽之下，大膽的黃鼠狼也會慢慢潛行接近，然後叼了食物就跑，全然沒把人放在眼裡似地！

台灣的黃鼠狼已因生活環境不再依靠村莊，於是也少有機會給雞拜年，除了登山客送上門來的食物之外，就只好靠鑽洞的本領捕食野鼠爲生，所以在生態系中牠是鼠類數量重要的控制者。台灣森鼠、高山田鼠、長尾鼩和短尾鼩，是牠們在高海拔區域內常捕食的對象。鼠類少的地方則以蛙或蟾蜍爲主食。此外，黃鼠狼也擅長爬樹，牠們也捕食小型鳥類或偷取鳥蛋。而蛇、蜥蜴、昆蟲也是牠們的食物。

許多原住民獵人都述說他們上山巡陷阱時，曾發現已死亡多時的山羌肚子還在起伏不定。正當驚駭不已的時候，卻見黃鼠狼從山羌的肛門鑽出，一溜煙地跑走。原來黃鼠狼會從肛門鑽進已死亡的山羌肚子，取食內臟。

野外觀察

【氣味】黃鼠狼在肛門下方的肛

門腺（臭腺）非常發達，分泌物具強烈氣味，在出沒的地方常可聞到，一般會隨排便排出少量，但如遇緊張驚嚇則噴出多量，味道相當刺鼻，連狗都避之不敢靠近。

【排遺】 黃鼠狼喜歡在山徑的石上排便，此應兼具標示領域的作用。糞便顏色黑，長約5至6公分，s型或直條狀扭曲成卷，明顯帶有動物毛，也可能含有骨骼、鱗片或昆蟲甲殼。

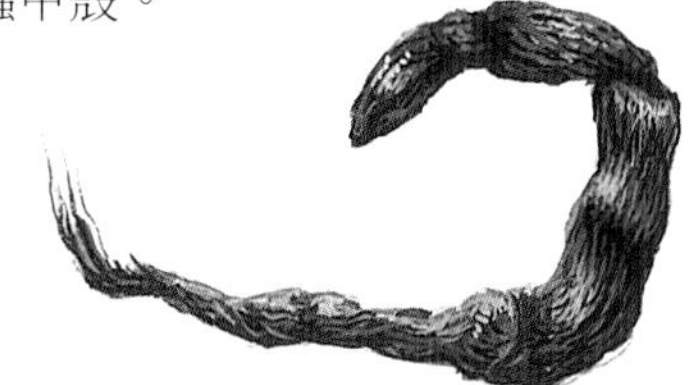

各種蹤跡出現的狀況

目擊	叫聲	食痕	足跡	路徑	哨抓	摩擦	巢穴	排遺	食餘
●●			●				●	●●●	

●很難發現　●●偶爾發現　●●●經常發現

足跡與步態

半蹠行。前後腳均為五趾，可見爪痕。前腳的腕墊一般不著地，但在雪上可見腕墊印痕；後腳無跟墊，但蹠部約一半會著地。因身體輕巧故在砂土上較難留下足跡，而在雪地則可見明顯印痕。

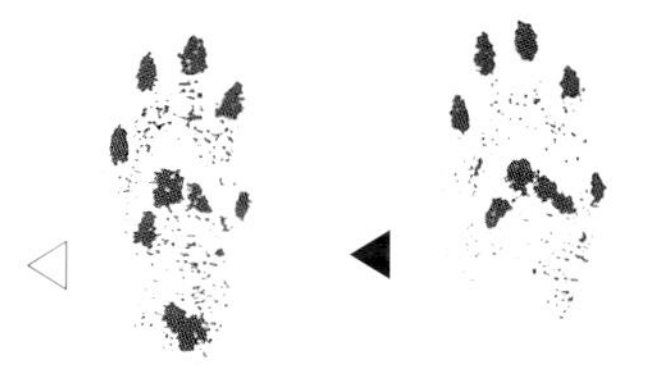

台灣小黃鼠狼腳印（實物大小）

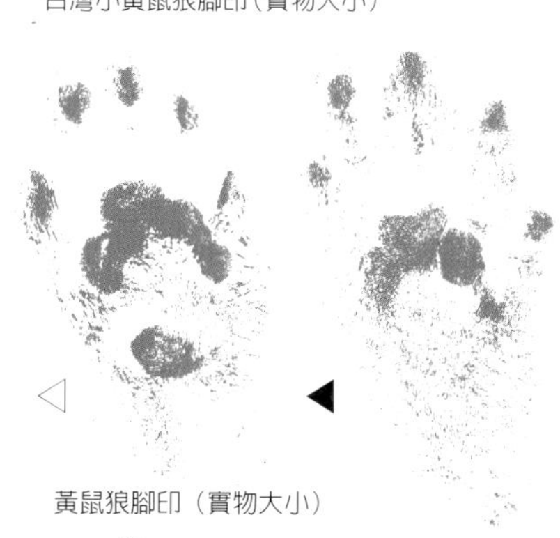

黃鼠狼腳印（實物大小）

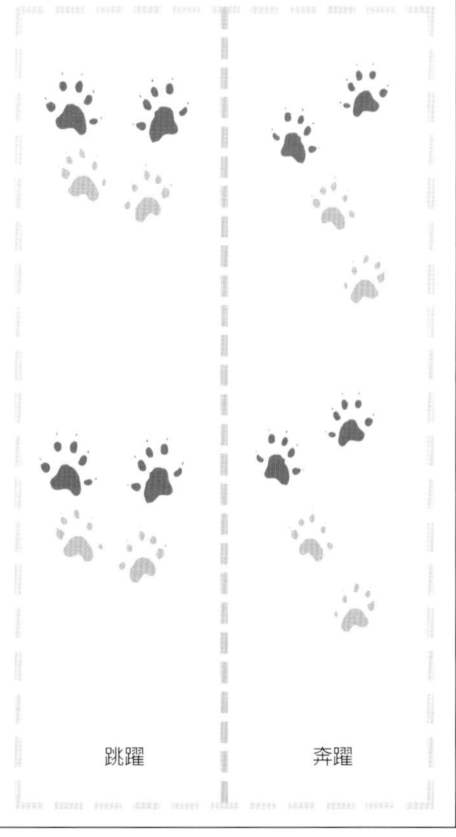

鼬獾

鼬獾

穿梭在森林底層的夜間覓食者

白鼻心
頭上白斑連貫至頭頂後方。四肢的下段均為黑色。爪並不長。尾長棒狀，尾尖為黑色毛。

鼬獾
頭上的白斑不連貫。鼻頭為肉色，較突出。爪較長。四肢下段均為灰色。尾短、毛蓬鬆，尾尖為灰白色。

鼬科動物中鼬獾的鼻吻部較長，牠會像野豬一樣，將鼻子拱進鬆土中嗅聞，所以又名小豚貓。牠的前腳爪子較長，適於扒挖土壤，趾間有半蹼；後腳爪較短，約只有前爪的一半。尾毛蓬鬆像把刷子。

特有亞種
食肉目／貂科
英名：Formosan Ferret-Badger
學名：*Melogale moschata subaurantiaca*
別名：小豚貓、田螺狗、鯽鰍貓、臭狸仔
體長：33～40㎝
尾長：13.9～23㎝
分佈：平地至海拔約2000公尺的山區，包括陽明山、東部海岸山脈。

世界上被稱為「獾」(Badger)的動物約有九種，其中美洲獾和歐洲獾體型較大，而鼬獾是體型較小的獾類之一，分佈於中國大陸南方和中南半島北方，台灣的鼬獾是特有的一個亞種。

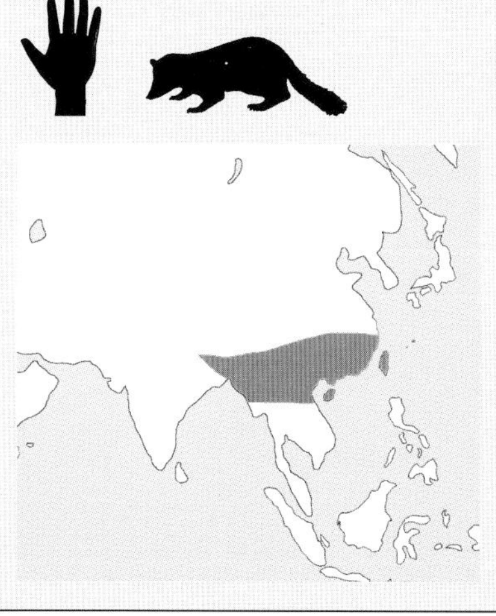

鼬獾有良好的嗅覺，在黑暗中可以照常覓食，是夜行性的動物。白天通常在岩石隙縫、土洞、樹幹基部的孔洞、根部的洞穴中休息，到了黃昏即開始一天的活動。牠們經常在天然林、次生林的底層翻找食物，更會出現在旱田、菜園、苗圃等地，而且常沿著小溪邊、乾涸的溪床或山徑行走。到了繁殖季可見成對的鼬獾活動。母鼬獾育仔時有固定的洞穴，其他時間則可能在生活領域內隨處休息覓食。

鼬獾與白鼻心

鼬獾體毛爲灰棕色，鼻子上方到眼睛的周圍和頭頂是黑色，前額有一撮H型寬窄不一的白色毛。另外，從頭頂到頸背還有一條縱走的白色毛，但與前額之間的白毛並不連續，這一點可與頭部同樣有白毛的白鼻心（靈貓科）明顯區別。

在保育法實施之前，鼬獾曾被大量捕捉，用來僞稱是白鼻心而以較高的價錢出售。事實上這兩者除了頭部的白毛不一樣之外，尾部也有明顯差異。白鼻心的尾巴是漸細的長棍棒狀，尾末端是黑色；鼬獾尾巴是漸蓬鬆的短棒狀，尾末端爲白色。

又稱小齒鼬獾

台灣的鼬獾又被稱爲「小齒鼬獾」，這是因爲牠的犬齒較小之故，與生活在印度地區的一種「大齒鼬獾」(*Melogale personata*)有所不同。仔細看牠頭骨眼眶的上方，左右兩側各有一條明顯的顳嵴，延伸至頂骨後端與成一直線的人字嵴相連，這是其他台灣貂科動物所沒有的特徵。

鼬獾雖然不是受歡迎的獵物，但還是常被獵具捕獲。

食物

由於台灣鼬獾的犬齒較短，身裁短胖，所以不像其他身手靈活的貂科動物那麼會獵捕小型鳥獸。而且牠們多半於夜晚活動，在光線不足的情況下，以牠們幾近匍匐的行動方式更是追捕不易，還好牠們有特別的吻部、良好的嗅覺，可以靈敏地嗅出藏身於石縫、土中或枯葉下的食物，再以長爪爲工具，將美味自土中扒出。但因爲扒出的食物多半是小型的無脊椎動物，爲了塡飽肚子，鼬獾必須沿途不斷地翻找、

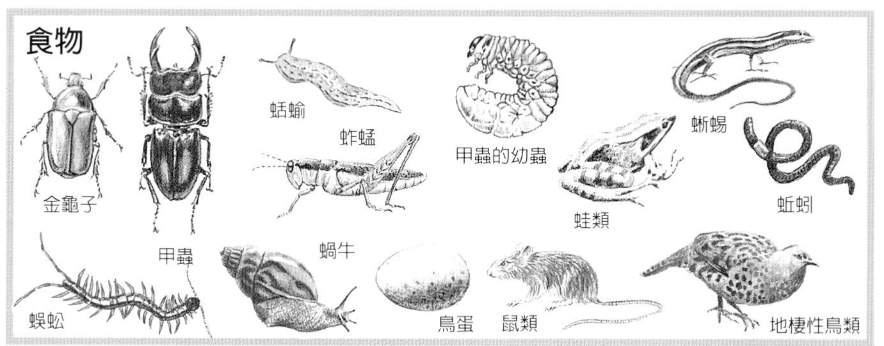

頭骨特徵

左右各有一條明顯的顳嵴，延伸至頂骨後與人字嵴相連。

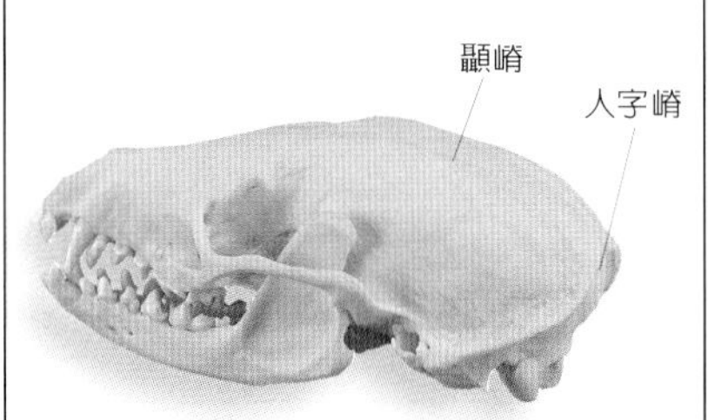

刨挖，整晚都在辛苦覓食。牠們的食物有八成以上是蚯蚓、甲蟲的成蟲或幼蟲（如雞母蟲）、馬陸、蝸牛和螺類；而脊椎動物如蛙、蜥蜴、鼠類、鳥及蛋只是偶爾才能吃到；至於鳥獸的屍體牠們也會啃食，不過機會並不多，而植物類食物如嫩葉、漿果和根莖，也僅偶爾採食。

野外觀察

【路徑】常經過的地方會走出一條獸徑，而在乾涸的溪谷中爬上跳下的時候，爪尖會在長有青苔的岩石上刮出一道道平行的爪痕，沿著有爪痕的岩石，也就可以看出行走的方向。牠們也常沿著人類開闢的山徑行走，並且在山徑旁的小土坡邊刨挖，久而久之土坡下就被刨成一條隧道般的路徑，而上方因有樹根穩固，使得土石暫時不會崩塌。

【氣味】鼬獾的肛門腺（臭腺）雖然比世界上其他獾類動物小，但

鼬獾藏身的樹根部洞穴。

低矮草本植物下的路徑。

覓食的地區常可發現牠們在地上挖的小洞。

發出的味道確實很重，尤其在洞穴附近簡直臭氣燻人，這可能是經常標示領域的緣故。當受驚嚇或遇攻擊時噴出的臭氣更多，其他動物只得退避三舍不敢靠近，這也就是牠之所以被稱為「臭狸仔」的原因。

【覓食特性】鼬獾吃果實時只吃果肉而吐出果核，這與白鼻心的吃法相同；而吃鳥或鼠類時會留下皮毛、頭、爪等難以消化的部分；若吃蝸牛或螺則以尖嘴在殼上咬個洞，便可以將柔軟可食的身體揪出，在鼬獾常覓食的地方可以看到零散的蝸牛殼，殼上還有被啃破的小洞。

【排遺】黑色，長約6公分，直徑約0.7公分，成「8」字形扭曲，含有大量的昆蟲甲殼，有時也有一些動物毛骨殘渣。洞的周圍或獸徑上都可見糞便的排放，這也是貂科動物標示領域的方式。

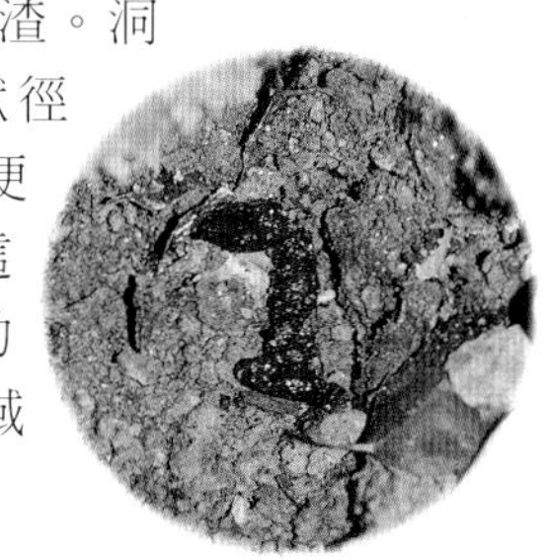

各種蹤跡出現的狀況

目擊	叫聲	食痕	足跡	路徑	啃抓	摩擦	巢穴	排遺	食餘
●			●	●●			●	●●	●●●

●很難發現　●●偶爾發現　●●●經常發現

足跡與步態

半蹠行。前腳五趾有腕墊，爪特別長，會在地上留下明顯的爪印，後腳亦為五趾，不具有跟墊，但爪沒有前腳爪那麼長，而爪印仍然可見。由於鼬獾會邊走邊探尋食物，行走時常鼻、腹部貼近地面，時而扒一扒枯葉、土石，所以在經過的路線上會看到有爪扒地的痕跡或小坑洞。

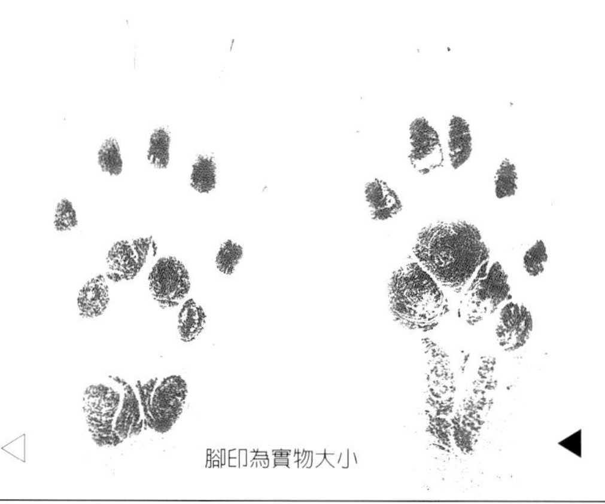

◁　腳印為實物大小　◀

水獺

水獺

傍水而居的潛泳捕食者

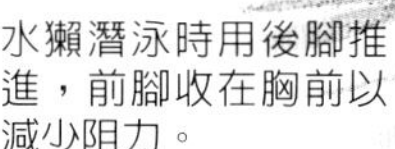

水獺潛泳時用後腳推進，前腳收在胸前以減少阻力。

大約在五十年前的台灣，淡水河上游、新店、三峽以及高屏溪出海口，都是水獺活躍的地方，但因水獺皮是高價的皮草，當時也有不少捕獺的獵人。此外，再加上河川上游陸續建了水庫，使水量有了很大的變化，而一些水壩更沒有魚梯的設施，使得魚類的繁衍受阻，造成水獺的食物大為減少，也就導致了水獺生存的不易，現在台灣本島已有多年無發現水獺的紀錄。或許只有在人跡罕至的山區溪谷深澗地區，還可能有極少數的倖存個體。

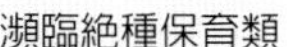

瀕臨絕種保育類
食肉目／貂科
英名：Chinese River Otter
學名：*Lutra lutra*
體長：65～82cm
尾長：30～50cm
分佈：曾經在北部新店溪各支流、大漢溪上游及南部高屏溪出海口有出現的記錄。近年來除了賞鳥者在台東縣境內的溪流中，仍見到疑似水獺的動物之外，台灣本島已經沒有新的發現紀錄，是否已經絕種則未可知。目前只有金門地區各主要水源如湖泊、溪流、水庫、池塘和魚塭等還可以看到水獺的足跡。

適合水棲的身體構造

台灣的陸生哺乳動物除了蝙蝠之外，小如鼩鼱、大如山豬都會游泳，不過牠們游泳的目的多半是為了要渡過溪流或泡水清涼一下，唯獨只有水獺，游泳、潛水是牠們主要的覓食方式，因而也被稱為「半水棲動物」。

水獺特殊的身體外型及結構都是為了能適應水中的生活，牠的軀體成扁圓形，頭寬而頭頂扁平，四肢短，趾間具有蹼，小而圓的耳朵入水後可向後平貼在頭側，鼻孔也有類似活瓣的構造，一潛入水中即能關閉，防止進水。至於強而有力的

尾巴，基部扁闊至尾尖漸細，更是水中前進不可或缺的方向舵。

此外，牠的全身披著密毛，油亮而有光澤，上了岸只要抖一抖，身上的水很容易被甩乾。而嘴邊及嘴下還長有長鬚，這些長鬚可用來感測水中游動的生物，有助於捕食。

水獺屬於夜行性動物，通常在黃昏單獨行動，只有幼獺會尾隨著母獺一起活動，學習覓食技巧。牠們主要生活在山區清澈的河流、水庫、出海口或近海湖沼一帶，尤其喜歡岸邊林木茂密有雜草、蘆葦叢生的地區。

游泳的方式

除了覓食之外，水獺也會因受驚擾而自休息的岸邊悄悄地滑入水中，以潛遁的方式逃避。牠用前後腳趾間的蹼如槳般地划水，而尾巴則如舵般地轉變方向，翻轉非常靈活自如。當貼近水面時，牠將鼻端露出水面呼吸，以四肢撥水前進；但若潛入水中，爲了減少阻力乃將前肢貼近胸前，只用後肢蹬水推進，或如人類蝶式游泳般擺動身軀，使身體和尾巴呈波浪式起伏前進，在水中閉氣潛水達6至8分鐘之久。另外，牠還會直立身體以後腳踩水，使頭頸部露出水面觀察周圍的動靜。

隱蔽性良好的洞穴

水獺有固定的生活領域，活動的範圍內可能有多處可供日間休息的洞穴，非常隱密而不易被發現。除了岸邊的岩洞之外，岸邊的樹根部也是很好的利用素材，在河水沖刷後暴露出來的部份根條，正好可擋

水獺會到固定的湖中覓食（攝於金門國家公園）。

在洞口做爲屏蔽。目前因河湖岸邊多爲人工整治的水泥所覆蓋，水獺可能只得利用乾涸的涵洞或溝渠的裂縫。

完整的巢穴有主室、出入口和通氣孔，出入口由主室向下通入河中，洞道深淺不一，往往可達數公尺之遠。主室向上的通道爲通氣孔，主室內部寬敞，會舖設乾草或細枝，這樣結構完整的巢穴也是母水獺用來產仔的地方。水獺出洞時多數由出入口游至水中，然後先上岸小憩再出發覓食。

除了水獺之外，另外有一種水棲

水獺的巢穴❶

在岩石塊護岸縫隙中的巢穴與通道，往往也有多條通路。

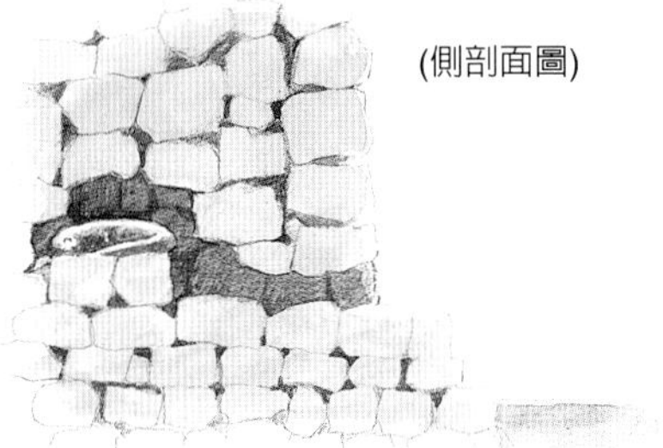

(側剖面圖)

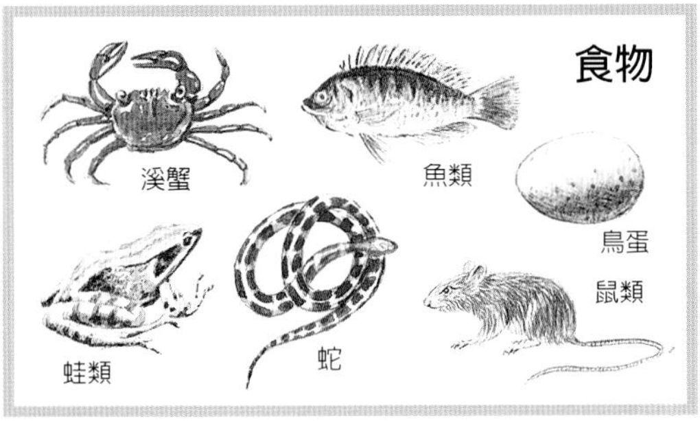

食物

溪蟹
魚類
鳥蛋
蛙類
蛇
鼠類

水獺的巢穴❷

大樹根下的巢穴與通道，其中也有直接進入水中的密道。

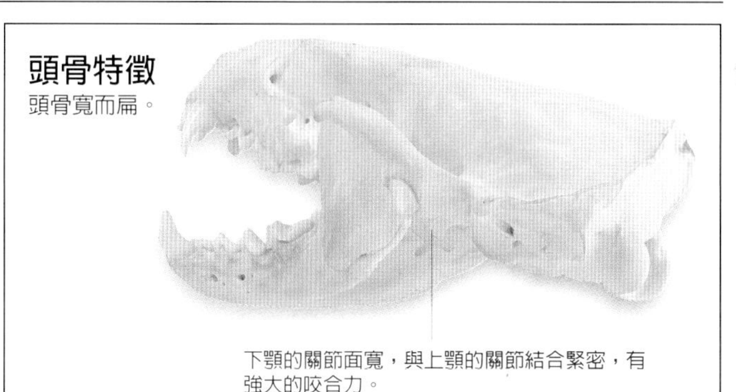

頭骨特徵

頭骨寬而扁。

下顎的關節面寬，與上顎的關節結合緊密，有強大的咬合力。

水獺常有站立起來嗅聞空氣的動作。

河狸

海獺

性哺乳動物是大家耳熟能詳的，那就是會啃斷樹木，在河谷築成水壩的「河狸」，這兩種動物雖然完全不同，卻常被聯想在一起。河狸是囓齒類動物，具有銳利的門牙，尾巴扁平而有環紋，從外型並不難與水獺區分。

水獺的食物

生活在山區溪澗處的水獺會沿著水流從上游到下游，在深潭中搜尋巡迴捕魚，魚少了就到另一條溪澗去，所以生活領域較大。而生活在湖沼邊的水獺生活領域較小，每天只循一定的路徑到水域中捕食。在金門，無論水庫或湖沼，往往都有些河溝可通往海邊，這些棲息在沿海鹹淡水交界地區的水獺便會到海中捕魚，只不過回程時會在淡水中洗去毛上的鹽分，再回洞休息。魚是水獺的主食，小尾的魚兒在水中就可吞食，大尾的則要銜拖上岸，在岸上伏身以前腳按著或雙掌握住食物，慢慢啃咬。除了魚之外，蝦、蟹、蛙、蛇、水禽和鼠類也都是牠們的食物。

野外觀察

【食餘】水獺吃較大條的魚時，魚頭、魚骨並無法全部吞下，而一些貝類的殼也會棄置在岸邊。但找到類似的食餘時還需配合腳印觀察，才能確定是否爲水獺的食餘。

【**排遺**】水獺會在領域內的石塊頂端或平地上較突出的部分排糞，可能同時有標示領域的目的。糞便內都是魚鱗、魚骨、蝦、蟹殼等食物殘渣，條狀曲扭，新鮮的糞便上有褐色到黑色不等的粘液，十分腥臭。同一隻水獺會在不同水域周圍排便，有些也會成堆。

通向湖泊的水道是水獺的路徑。

各種蹤跡出現的狀況

目擊	叫聲	食痕	足跡	路徑	哨抓	摩擦	巢穴	排遺	食餘
			●●	●●				●●	●

●很難發現 ●●偶爾發現 ●●●經常發現

小爪水獺和水獺

金門曾傳說另有一種小爪水獺(*Amblonyx cinerea*)，牠和水獺在外形上略有不同，除了體型較小之外，可從鼻鏡上端毛的生長界線形狀、前腳掌的蹼、爪的大小和尾巴來區別。從分佈情況上來看，兩者也有明顯差異，小爪水獺產於南亞，而水獺則是歐亞大陸上廣泛分佈的物種。

足跡與步態

蹠行。前腳腕墊有清楚的印痕，前後腳均為五趾，拇趾較小，爪印明顯，蹼會在趾印痕之間留下比較淺的印痕；腳印的寬度約在5至7公分之間，若大於6.5公分可能為雄性，若小於4.5公分應該是幼體。

由於水獺有固定的路徑前往覓食區域，所以會走出一條明顯的「獺路」，路經之地若為草叢，則因長久踩踏會有一條較不長草的路徑；若經過岸邊或退潮的河道，則會在泥砂地上留下長排連續的腳印，是觀察步行方式的好機會。水獺的腳印在前進路線上左右並不對稱，那是因為四肢交互踩地的次序所造成的。遇到有坡度的岸邊，牠們也會像溜滑梯般的溜下，久而久之坡上也會平滑不長草，下方卻有崩落的土屑。

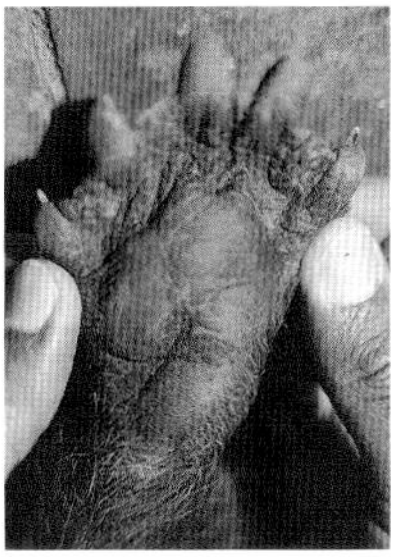

前腳掌

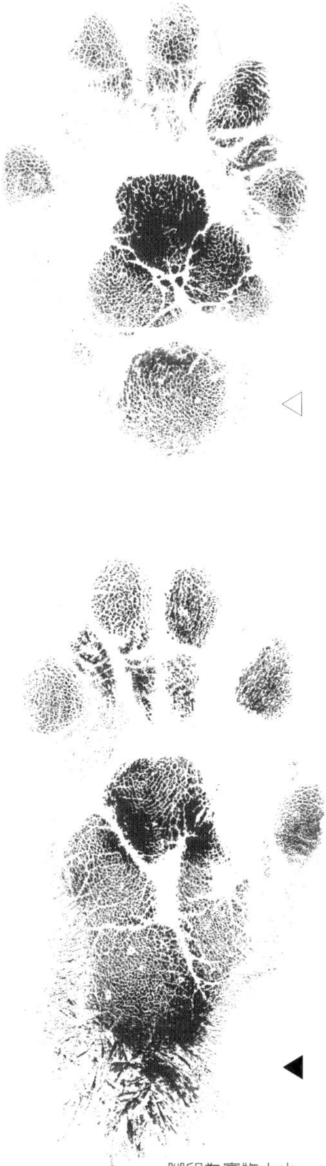

腳印為實物大小

麝香貓

麝香貓

隱匿林間的無聲獵食者

靈貓科動物是現代食肉目中最原始的一類，在外型上也明顯與原始肉食獸相似，牠們的頭部狹長，而鼻吻端較爲突出。在本科中，則以麝香貓這一屬的動物是較進化的地棲類群。

特有亞種，珍貴稀有保育類
食肉目／靈貓科
英名：Small Chinese Civet
學名：*Viverricula indica pallida*
別名：小靈貓、筆貓、七節狸
體長：52～55cm
尾長：30.5～31cm
分佈：早年普遍分佈在台灣各地中、低海拔山區，目前已明顯稀少，在陽明山、北橫沿線、南橫山區、墾丁和東海岸山脈還有零星的發現紀錄，而數量較為穩定的是福山植物園區，仍有部分族群存在。

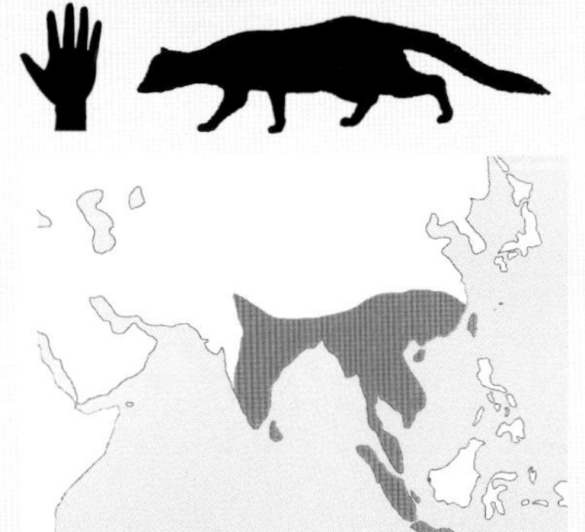

麝香貓又名「筆貓」，牠的毛質堅挺而富彈性，適合用來做書畫用的毛筆，因而有此俗名。牠全身的毛色以土灰色爲主，眼下有較多的黑色毛，形成暗色的眼影。從肩背到尾根部約有六條黑、土色相間的縱紋；胸側與腰旁則有大小不一的黑色斑點。尾巴更是辨別上的特點，環狀的黑、乳白色相間，黑色環共有6至10節，而最後尾尖的一環必然是乳白色。

麝香貓是獨棲的夜行性動物，入夜後活動頻繁，到了半夜活動漸減少。尤其在皎潔的月光下更難看到牠的身影，到了清晨則找一隱蔽之處棲身休息。氣候總是會影響活動的時間，陰雨天活動較少，久雨初晴或久旱逢甘霖時就變得十分活躍。牠們並不喜歡在濃密的森林中，主要乃棲息在亞熱帶常綠闊葉林森林邊緣的灌叢和草叢裡。休息處的窩穴結構十分簡單，通常選擇岩洞、樹洞或土洞。

氣味特殊的「麝香腺」

除了毛的利用之外，香腺分泌出的「靈貓香」是香料工業上重要的

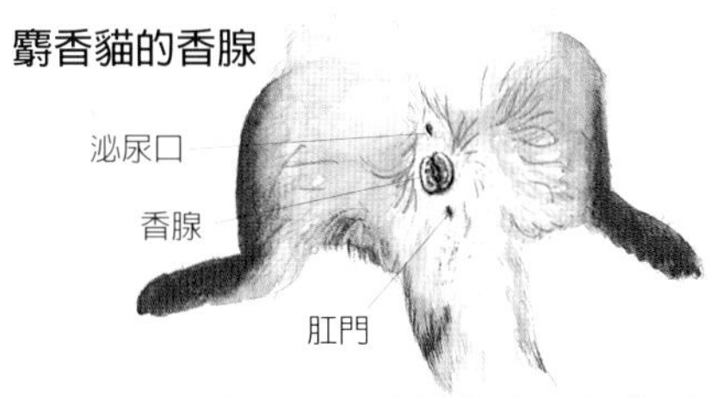

一種定香劑。麝香貓的氣味腺發達，除了具有一般食肉目動物都有的肛門腺，可以在緊張、發怒時噴出難聞的氣味之外，還具有「麝香腺」。雄性的麝香腺略大，在肛門與陰囊相接處，而雌性的在會陰部，左右兩片形狀如兩瓣橘子，會分泌特殊的油狀香液，氣味如麝香。這個腺體是由皮膚的皺褶特化形成貯存囊，囊腔內壁有白色茸毛，主管分泌的細胞與皮脂腺類似，所分泌的物質主要成分是靈貓酮和十五巨環酮。既然具有如此特殊的氣味腺，也難怪麝香貓會有「擦香」的動作。牠們在活動時將尾巴高舉，用麝香腺在突出的岩石、小樹幹或草莖上擦香，作為領域及個體的識別。

食物

麝香貓是以動物性食物為主的雜食性動物，主要在地面覓食，但也會上樹吃果子。所吃的動物包括鼠類、鳥類、兩棲類、爬蟲類、魚類、甲殼類、昆蟲類、蜈蚣、蝸牛、蛞蝓和蚯蚓。植物方面包括了山紅柿、長葉木薑子、楠木屬、薯豆、懸鉤子類和瓜類的果實以及禾本科植物的草莖和嫩葉。食物的種類會依季節變化而不同，昆蟲、蚯蚓、鼠類和植物是最穩定的食物。

野外觀察

【氣味】由於麝香貓具有肛門腺

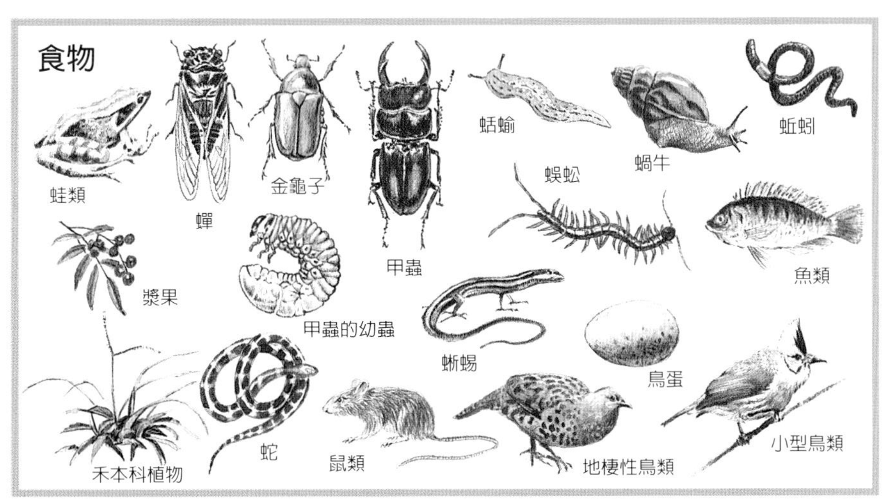

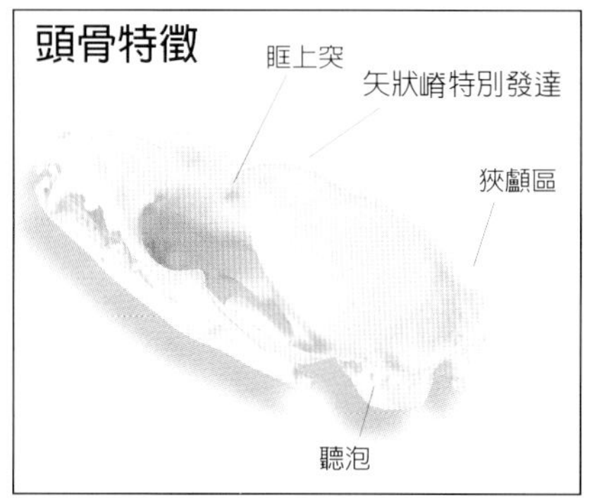

和麝香腺，所以靠近排便和擦香之處，可以聞到特別的氣味。

【排遺】無固定排便的地方，在福山植物園區，從進入管制站之後，沿著柏油路到園區門口的停車場，一路上可見許多黑色的糞便，那就是麝香貓排放的，爲什麼要在空曠的路面排便，目前並不十分瞭

解，但應該與領域的標示有關。糞便爲長條圓柱形，前端扭曲重疊，尾端漸尖，含有未消化完的植物纖維，若糞中所含全是鼠毛則呈直條狀，種子含量多時會斷成數節，交錯排列。

各種蹤跡出現的狀況

目擊	叫聲	食痕	足跡	路徑	啃抓	摩擦	巢穴	排遺	食餘
●			●					●●	

•很難發現　••偶爾發現　•••經常發現

足跡與步態

趾行。和小型貓科動物非常相似，但所有的爪均無爪鞘，為半伸縮性，行走時不留爪印。前後腳的第一趾大多退化，故只見4趾印痕，掌墊和蹠墊光滑厚實，無腕墊和跟墊而完全被毛。

腳印。周圍許多小圓圈是雨後水滴從樹葉上滴落的痕跡。

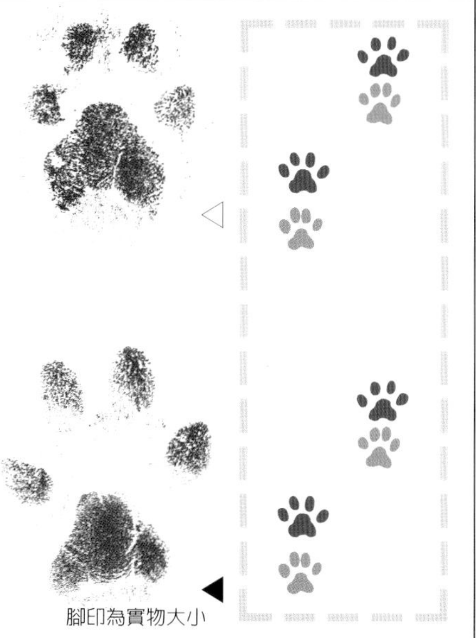

腳印為實物大小

白鼻心

白鼻心

縱橫在細枝上的採果能手

白鼻心的名稱來自於牠們的頭部自鼻鏡上方到兩耳之間有一條白色縱紋。在野生動物保育法尚未實施之前，牠曾是很受山產店歡迎的獵物，獵人特別喜歡捕捉牠們，有些獵人甚至將捕獲的白鼻心裝在竹籠中用扁擔挑著叫賣。另一方面白鼻心也被成功地豢養，可以在人爲環境下順利繁殖，但我們必須清楚一件事實，那就是即使可以大量人工繁殖的野生動物種類，並不表示沒有自野外完全絕跡的可能，梅花鹿便是一例。

特有亞種，珍貴稀有保育類
食肉目／靈貓科
英文：Formosan Gem-faced Civet
學名：*Paguma larvata taivana*
別名：果子狸、花面狸、烏腳香
體長：48～76cm
尾長：37～63cm
分佈：台灣全島各地山區均有分佈，大多在海拔1000公尺以下的林間活動，離島當中以島上山區較多的綠島和蘭嶼可見蹤跡，且數量頗多，曾是島上夜間常見的野生動物。

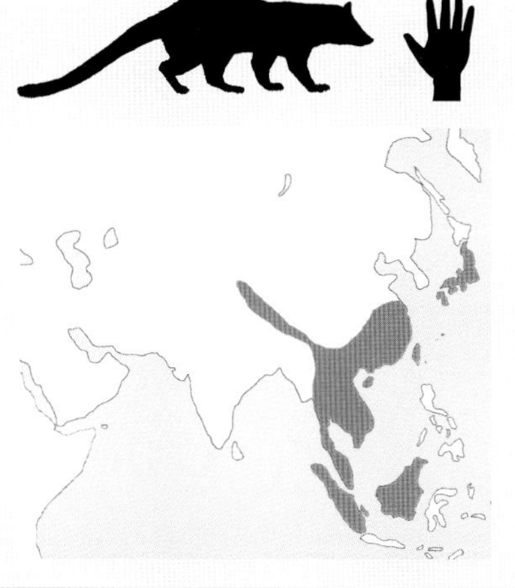

幼小的白鼻心雖然可愛，但當長大到性成熟時卻不一定溫馴。

有些民眾看到小白鼻心非常乖巧，還會買回家當作狗、貓一般的寵物飼養，可是漸漸長成，到了發情季節，乖巧的個性往往會突然變得凶殘，平日對陌生人也會採取防衛性的攻擊行爲。目前民間仍有白鼻心的飼養場，有時因密集的飼養或與犬貓接觸的機會大增，也有疾病發生的可能，因此投藥預防和疫苗注射都是不可缺少的。

夜行性的白鼻心晨昏活躍，棲息地多半在季風林、常綠闊葉林的森林邊緣。行走時會利用乾涸的溪谷或是低於路面的路邊乾溝，主要爲樹棲雜食性，以各種果實爲主食。牠們白天穴居在倒木中空的大洞或岩洞中。曾有山區工作人員於午間休息時靠在枯木旁，聽到枯木內有異聲，於是好奇地鑿開，原來是白鼻心在裡頭產仔。

白鼻心的爪可以伸縮如貓，但沒有貓尖利，爬樹雖不成問題，但要用來刨挖岩洞可能沒那種能耐，所以利用其他動物用過的「成屋」是最理想的，頂多稍加修飾即可。牠們似乎也比較喜歡溪谷旁向陽坡的環境，這樣窩內會比較乾爽舒適。

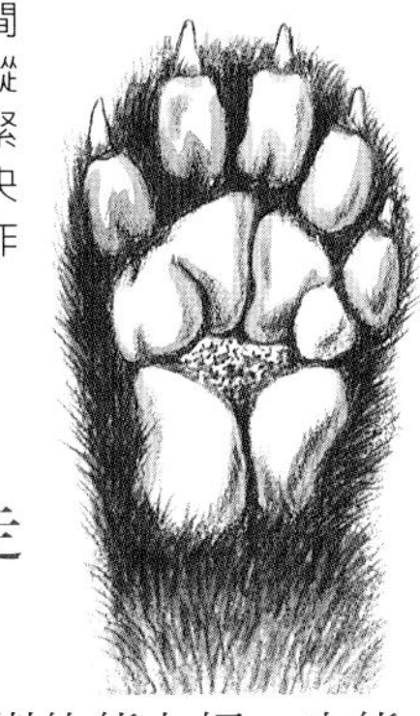

白鼻心腳底的肉墊之間凹陷明顯，可以使用縱向的或橫向的凹陷夾緊細細的枝條，而掌中央的粗糙面也有防滑作用。

細藤上行走的高手

白鼻心不但爬樹的能力好，也能在很細的枝條上行走，更可以通過懸垂在樹木之間的蔓藤，好像特技演員走鋼索一般，而之所以有如此高明的特技，秘密就在牠的腳底。當牠踏上枝條時，就如插圖中所示，用第二趾與第三趾中間夾住枝條；腳掌上另有粗糙面一如幼兒鞋底的止滑墊一般；再看看牠的前腳，蹠面基部分成兩個大肉墊，中間的縫隙不正好可與枝條做更緊密

蘭嶼的原始林，也是白鼻心重要的棲地。

頭骨特徵

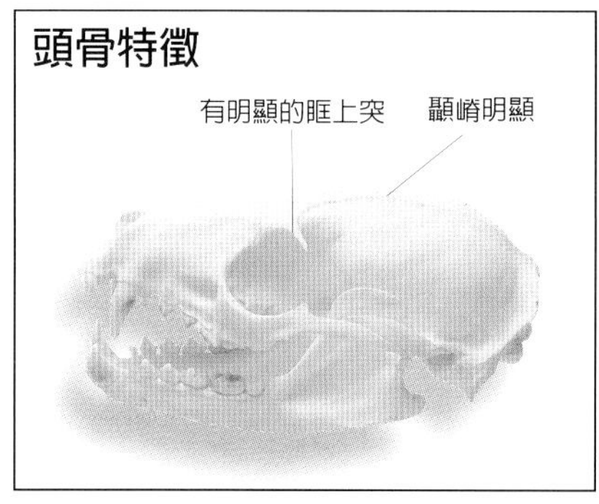

的接合！另外，牠的尾巴像個平衡棒，能隨著步伐的前進而不斷地改變方向，儘管偶爾失足也不會掉落地面，因爲牠會很快地順勢用腕部和跗部鉤住蔓藤，以倒掛的方式繼續前進。若藤莖轉粗時，牠甚至可以翻身再次爬到上方行走。這種特殊的攀爬能力，與牠們可以採食懸垂於枝條末端的果實有關。

家族式生活

雖然目前我們對生活在台灣的白鼻心沒有詳細的野外行爲調查，但從許多原住民零星的描述及中國的資料中看來，食肉目動物中以白鼻心比較有家族式生活，終年可見牠們成對活動，在洞穴中也有雙親與幼仔共棲的情形，故推測牠們配對之後仍會常年生活在一起，產後也會共同照顧初生幼獸，直到幼獸滿月、洞內空間不夠時，白鼻心爸爸可能暫時到附近的洞穴棲居，晚上則全家大小一起覓食，同時對幼獸進行野外教學。

偏愛果實

白鼻心是雜食性而偏食果性的動物，多以核果、漿果爲食，在生活

誰進了果園？

有許多野生動物會在果園的水果成熟時，侵入園中偷吃，惹得主人氣急敗壞。當面對著滿地狼籍的殘渣時，你知道是誰來過了嗎？

白鼻心　號稱果仔狸的白鼻心最擅長吃水果，牠會嗅聞選擇熟果，吃葡萄不吃皮，將果肉全吞下；吃橘子只咬破皮吸食果汁，將渣吐掉。

猴子　果園一旦被猴群侵入，就像經歷一場浩劫，從周邊的圍籬到採食的果樹，大量的枝葉被折斷，採下的果實若不夠成熟則只輕嚐一下便拋棄，成熟的果實也吃得一地零零落落，十足浪費。

松鼠　松鼠摘果時會先選成熟甜美的，同時也會啃下一些枝葉，吃橘子時會先在皮上啃一圈，像打開小蓋子一般的拿掉，再吸舔果汁，將渣扔掉。

野豬　野豬不會上果樹，頂多靠著主幹站立，較高的果實吃不到，多半只吃地上熟透的落果，地面有被拱刨的痕跡。

的領域內，隨著四季結果成熟的樹種而轉移覓食地。若同一處有豐富的果實，牠會很固定地每晚造訪，直到果稀難尋爲止。牠吃漿果時，常只是啃咬吸食果汁而丟棄殘渣，如果是像龍眼般的黃藤果（中央有種子，周圍是果肉），則會輕巧地咬開，吃肉吐子。山龍眼、山棕樹、雀榕、野生芭蕉、蕃石榴等都是牠們愛吃的食物。當然牠們也會捕些小型動物，包括了鳥、鼠類、蛙類、蜥蜴、昆蟲、螺、蚯蚓等。另外，也傳說當牠們靠近村莊時，會摸黑潛入農舍盜食雛雞、幼鴨。

香腺不發達

白鼻心雖然與麝香貓一樣是靈貓科的動物，但白鼻心的香腺並不發達。靠近外生殖器的兩側有皮膚的增厚區，即爲香腺，腺體內壁光滑沒有茸毛，也沒有皺褶。雖然香腺不發達，但功能仍然明顯，因爲在一些岩石突起或樹幹隆凸的部位，牠們會以會陰部磨擦，留下氣味做

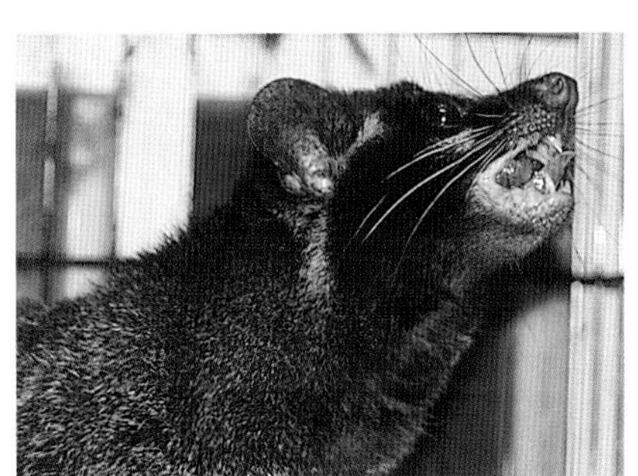

白鼻心吃果實多半只靠舌頭翻轉而不用前肢幫助，咬過的龍眼皮看不出牙痕，吐出的種子仍有沒吃乾淨的果肉。鼠類則用前腳抱住果實啃咬，果皮上可看出牙痕，果肉吃得乾乾淨淨。

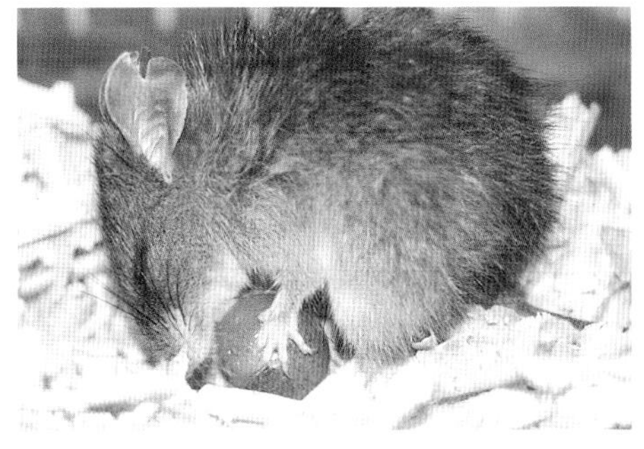

乾涸的溪溝是白鼻心常利用的路徑。

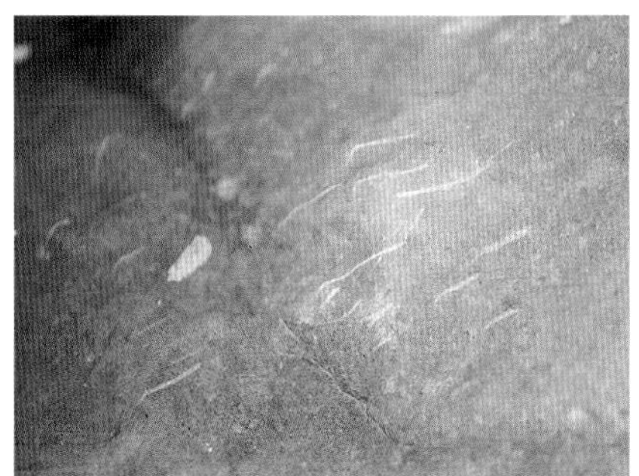
在大岩石上可以發現牠們攀爬時留下的爪痕。

爲標示，而夫妻之間、親子之間也會以此氣味做爲個體辨識。

除了香腺，白鼻心也有肛門腺（臭味），緊張時即噴出臭氣。此外，在耳和後腳底應該也有氣味腺，因爲當牠們遇上了某些特別的氣味，會像狗遇到了死老鼠一樣，用臉側不斷地左右交替磨擦地面。而緊張時後腳也會交互踩踏地面或兩腳互踏，同時有磨地的動作，這應該也是一種標記的方式。後腳底的腺體，在行走時能沿路留下自己的氣味，這對夜行性的動物有很大的方便，也因此牠們不喜歡走在氣味容易消失的枯枝爛葉上，而專挑乾溝或岩石間行走，如此氣味就不易消失。

野外觀察

【爪痕】由於常上樹覓食，故在較軟的樹皮及長有青苔的樹幹上會留下爪痕；在岩石間也會因攀爬而將表面刮出一些爪痕。

【食餘】覓食處有明顯吐掉的果皮、種子，或只吸了汁的殘渣，從果皮上找找看有無鼠類整齊的切齒痕留下，不難看出是誰來過了。

【排遺】白鼻心糞便呈長條狀，但牠們習慣將糞便排入溪水中。牠們蹲在溪中的大石上，對準流動的溪水排便，非常準確，因而在野外鮮少有機會看到白鼻心的糞便。

各種蹤跡出現的狀況

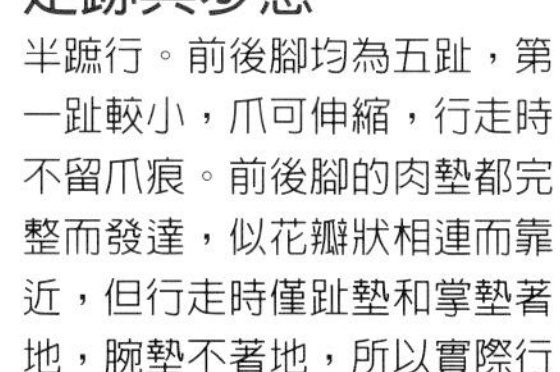

目擊	叫聲	食痕	足跡	路徑	啃抓	摩擦	巢穴	排遺	食餘
●			●	●				●	●●

•很難發現　••偶爾發現　•••經常發現

足跡與步態

半蹠行。前後腳均為五趾，第一趾較小，爪可伸縮，行走時不留爪痕。前後腳的肉墊都完整而發達，似花瓣狀相連而靠近，但行走時僅趾墊和掌墊著地，腕墊不著地，所以實際行走的足跡與掌印並不相同。行走方式多半為步行，很少跳躍。

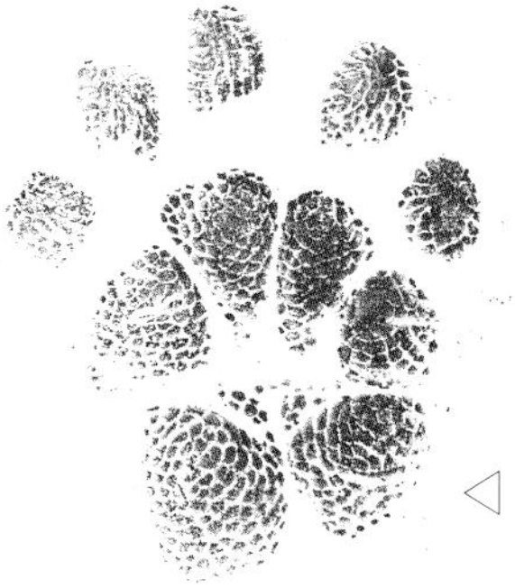

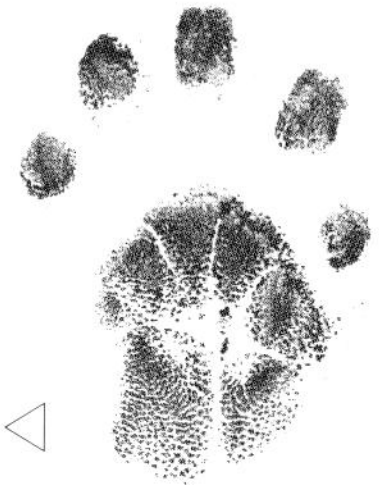

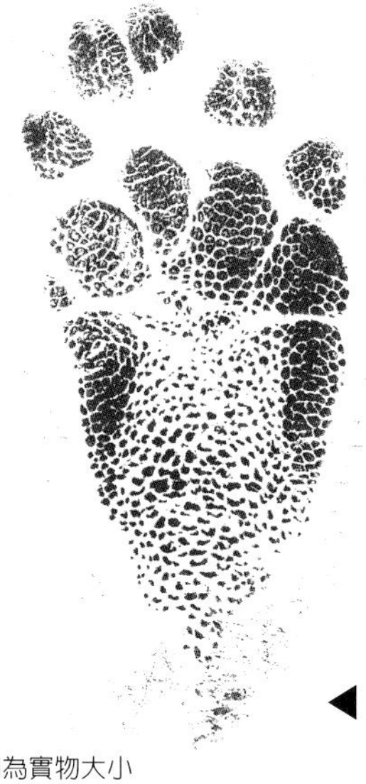

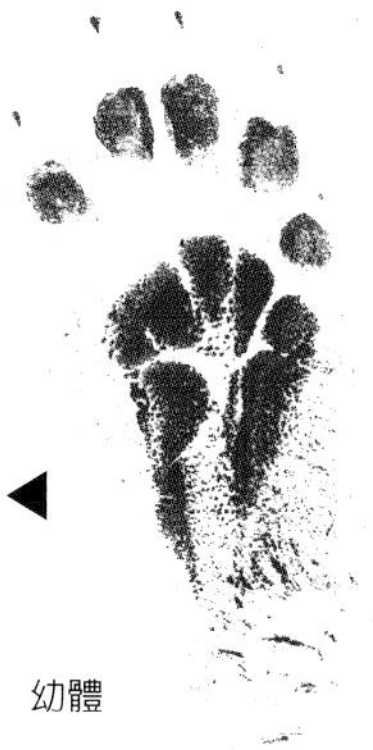

幼體

腳印為實物大小

食蟹獴

食蟹獴

尾毛蓬鬆的食蟹饕客

將咬不破的非洲大蝸牛，從胯下向後擲向大石塊，敲破殼後再啃食。

獴類曾被歸爲靈貓科動物，但現在已獨立爲「獴科」。食蟹獴的鼻吻尖長，體毛長，尾部的毛更是明顯的長而蓬鬆。身上內層的絨毛灰色、軟而且短，外層較長而粗的毛，每一根都分三層不同的顏色：最內的一段是土灰色，中間一段是黑褐色，最外一段是乳白色。此外，從口角經臉頰到頸側有一條明顯的白色紋。整體看來，食蟹獴好像披著一件簑衣，故又名棕簑貓。

牠們的棲息地有固定的領域，這

珍貴稀有保育類
食肉目／獴科
英名：Crab-Eating Mongoose
學名：*Herpestes urva*
別名：棕簑貓
體長：36～45.7cm
尾長：16.5～28cm
分佈：台灣全島海拔200～2600公尺間的溪谷都可能有牠們的蹤跡，但以海拔1000公尺以下，溪水清澈、蝦蟹豐富、岸邊林相未被破壞的地區數量較多。

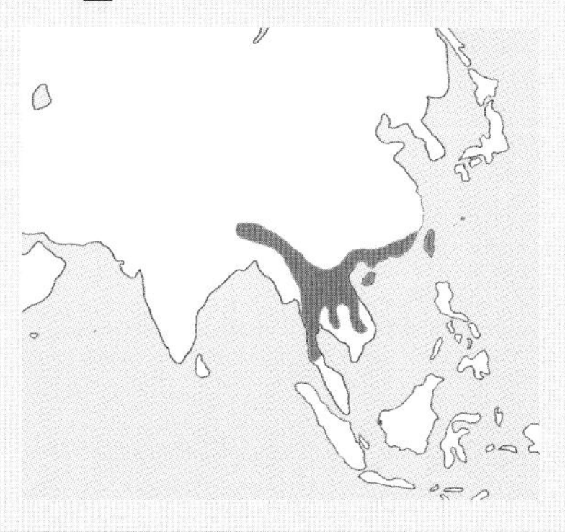

食蟹獴傍水而居。

領域內一定會有一段溪流，至於溪岸是人造林或原始林，闊葉林、針葉林或混生林，倒無絕對的選擇。只要是山林間的溪谷，兩旁有密林、雜木林，就是食蟹獴可以生存的地方。

食蟹獴是台灣哺乳動物中少數的日行性動物之一，但仍以晨昏活動最頻繁，通常單獨行動，但也有多隻在一起的發現記錄。牠們以樹洞、岩洞或草堆爲休息處，穴居往往不只一處，總是在當日停止活動的時候，就近找個地方休息。

特殊的捕食方式

食蟹獴的名稱來自於牠愛吃溪邊的蟹類。覓食時牠會先以尖鼻子探索，再用爪掘扒，甚至也用吻端一起鑽挖。在水邊泥地或河邊礫石裸地，牠們會用前腳伸入洞穴或岩縫中扒抓躲在裡頭的蛙、蟹或蜥蜴，捉到之後不是立刻吃掉就是叨到附近較開闊的地方用餐。但如果是遇到伸著兩支大螯的毛蟹，就得小心別被夾到了。牠們以正面攻擊的方式，用前掌迅速地壓住兩支高舉的螯，再用嘴咬住毛蟹的兩眼之間，向上一掀就把蟹殼掀開，

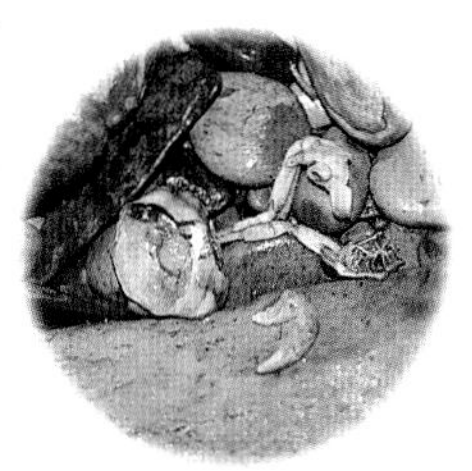
被食用後丟棄的蟹螯

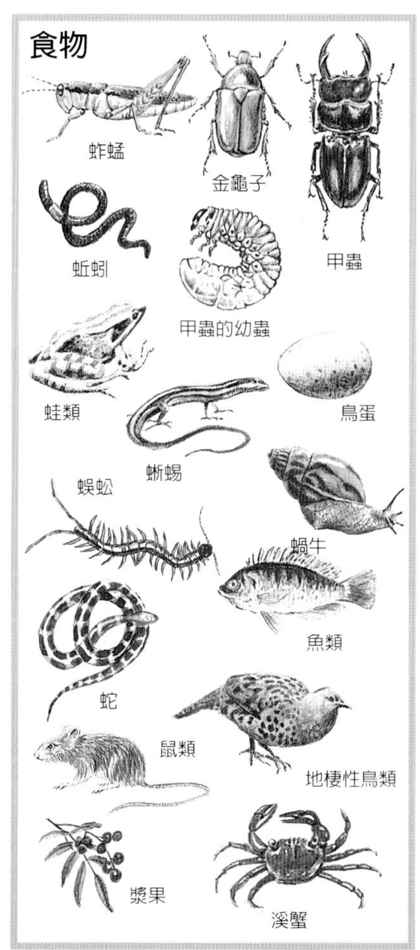

之後便可慢慢享用中間的蟹黃蟹肉，除了太硬的部位，連殼也可一起嚼碎吞下。不過依季節的不同，冬天吃的大多是蝦蟹，夏天則以昆蟲爲主食。

蛇也是食蟹獴的食物，但若遇上有攻擊性的毒蛇，牠還是會小心翼翼地左右徘徊觀察，或略爲前衝試

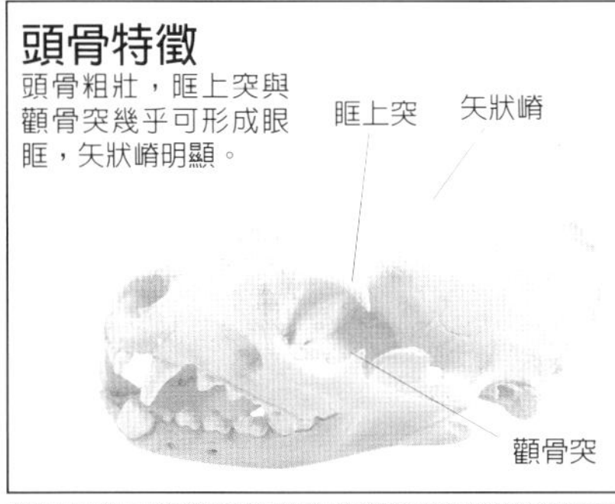

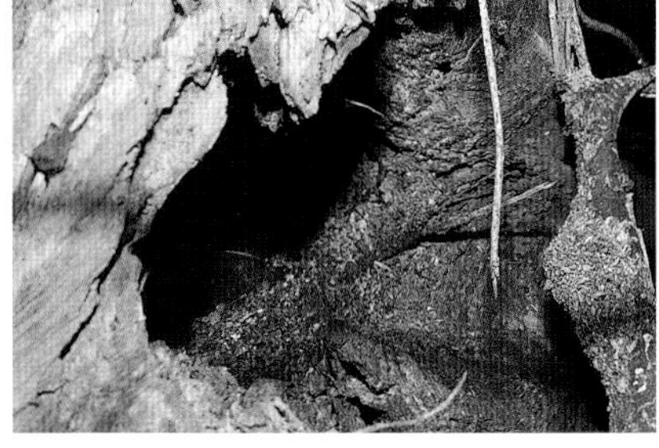

曾躲藏的樹洞。

在河邊碎石地上挖小洞找食物的痕跡。

探蛇的反應，待看準了之後，一個箭步跳上前去用尖嘴咬住蛇頭頸部，前腳則踩住蛇身，這時滑溜的蛇身往往向上捲起，欲纏繞獴的頸部，此時獴會快速甩動頭部，直到連蛇身也一起被甩得無力下垂為止。在獴類當中，印度獴是最聞名的擊蛇高手，據說牠可以將蛇的頭骨咬碎。

螺類也是重要的食物之一，對於小型的螺，牠們會在一側咬個小洞再拖出螺肉，較大型的如非洲大蝸牛，不但殼硬而且又大得不好張嘴施力，此時牠們會用前腳高舉蝸牛，彎身自跨下向後猛力丟擲，非常準確地擊向岩石的突出部位，一次不成就再拾回原位重來一次，直到將殼上敲出一個凹陷，從凹洞中將肉吃掉。當牠們自鳥巢中偷來鳥蛋或是吃不到獵物頭部的腦漿時，也同樣用這種方法。

野外觀察

【挖蟲的洞穴】食蟹獴常活動的地方，可以看到挖掘地下昆蟲而形成的小洞。洞寬約5.8公分，幾乎呈圓筒形，深可達20公分。

【食餘】食蟹獴有將食物咬到一定地方進食的習慣，所以在溪邊某塊最突出的大石頭旁，常會有食餘的蟹殼斷螯；而山區的大岩石下，也可見到許多被啃食的蝸牛殼，這些都是牠們來此進食後的痕跡。

【氣味】獴類一般沒有香腺，但食蟹獴是例外，同時牠的肛門腺也

很發達，緊張時會排放臭氣。

【**排遺**】成圓柱直條狀，單條或斷裂成兩段，長約10公分，內含蟹殼、昆蟲碎片和兩棲類、爬蟲類的骨骼。常排放在溪床，明顯可見。

各種蹤跡出現的狀況

目擊	叫聲	食痕	足跡	路徑	哨抓	摩擦	巢穴	排遺	食餘
●			●●	●●	●			●●	●●

●很難發現　●●偶爾發現　●●●經常發現

足跡與步態

半蹠行。前後均為五趾，趾間略有蹼，第一趾較小，其他四趾爪均長而明顯，在腳印中明顯可見爪痕，掌墊及蹠墊明顯，有腕墊但並不一定著地，肉墊上可以明顯看到掌紋。在森林中行走的方式多以奔走通過，而在開闊的地方則慢步行走，遇有異聲也會人立張望。

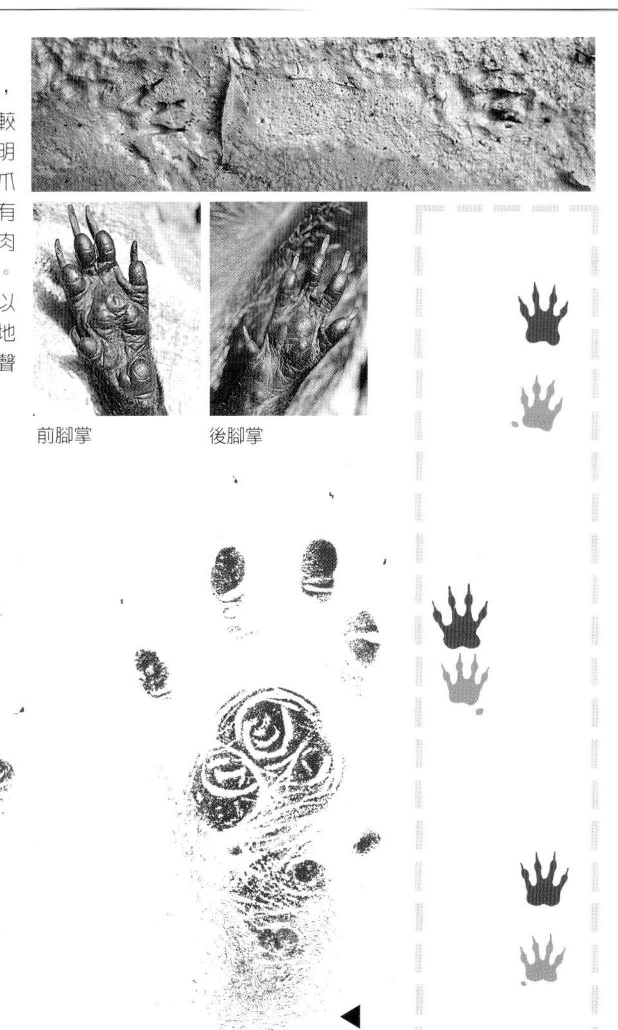

前腳掌

後腳掌

腳印為實物大小

石虎

石虎

酷似家貓的小型猛獸

從日本到東南亞地區，小型的野生貓科動物種類相當多，其中石虎也是廣泛分佈的一種。日本位於九州與韓國之間的對馬島上也有石虎，因而稱之爲「對馬山貓」，而距離台灣非常近的西表島上卻有一種與石虎不同種而毛色、斑紋相似的「西表山貓」。

珍貴稀有保育類
食肉目／貓科
英名：Leopard Cat
學名：*Felis bengalensis chinensis*
別名：豹貓、山貓、錢貓
體長：55～65㎝（雌性個體較小）
尾長：27～30㎝
分佈：台灣全島北、中、南各區都有零星出現，出現的地區並不連續，以竹、苗和高、屏地區有較多的發現紀錄，大多在海拔1500公尺以下的山林中，有些則非常靠近已開發的農地。

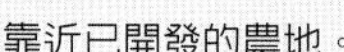

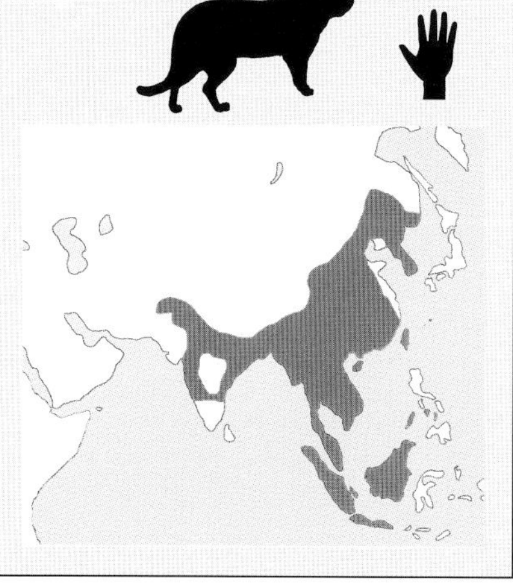

石虎在台灣曾是相當普遍的野生動物，但現在已非常少見。牠的體型與一般家貓非常相似，但比家貓更爲靈活，能一躍而起攀上樹幹，也能在細枝上活動。夜行性的石虎晨昏活動頻繁，往往單獨行動，白天在大岩石下、岩縫間或樹洞中休息。只有在繁殖季節雌雄會在一起，待交配之後又再分手，母石虎產前會找一處洞穴，在洞內舖些軟草爲墊褥，一胎只生2至3隻。

石虎的棲息地多半在樹林或灌叢，但牠非常喜歡靠近溪流，並且有很好的游泳能力，不像家貓那樣怕水。目前在一些靠近農村的樹林內，仍然有發現石虎的記錄，而且從部分資料中顯示，石虎也會趁夜晚潛入農莊捕食禽舍中的雞鴨。另一方面，也曾發生農家的大型犬攻擊林中石虎的事件。

家貓當中也有毛色近似石虎的，不過身上多為深色的橫紋。

石虎會以空心倒木為居住的洞穴。（上圖）
石虎身上的花紋和花豹的斑點一樣，所以英文俗名稱牠為leopard cat（豹貓）。（下圖）

石虎與家貓

石虎並不用嘴直接追咬獵物，而是用強而有力的前腳出擊。當牠以靈敏的嗅覺聞出鼠類等小動物經常通過的路徑時，便在暗夜中靜靜守候，靠著良好的夜視能力（比人類優異六倍）及敏銳的聽覺，在野鼠走近時即刻精準躍出，以前腳壓制野鼠，或是將之揮掌擊斃，然後再

慢慢地撕咬。這種捕食野鼠的方式與家貓可說如出一轍。

石虎身上的毛色爲灰土黃色，西側的棕黑色斑點似錢幣大小，所以又名「錢貓」。牠的背脊有兩條斷續延伸至尾部的縱斑，尾上有15至18個半環狀斑點；頭部自鼻兩側與眼之間有向頭頂走向的兩條白色縱紋，每條縱紋的兩側又各有一條黑色縱紋；耳背爲黑色，中央有明顯的白色斑塊。家貓當中也有與石虎毛色相似的個體，但可從大腿部的斑紋分辨兩者：家貓有橫紋，石虎乃長著斑點；而家貓的耳背沒有明顯的白色斑塊。

石虎的體型與家貓相似，在野外兩者是否能交配繁殖，目前並無足夠的證據。然而筆者曾在高雄寶來村見過一隻頭部似石虎、身體像家貓的標本，只不過在未做DNA分析的情況下，仍無法做出有效的定論。

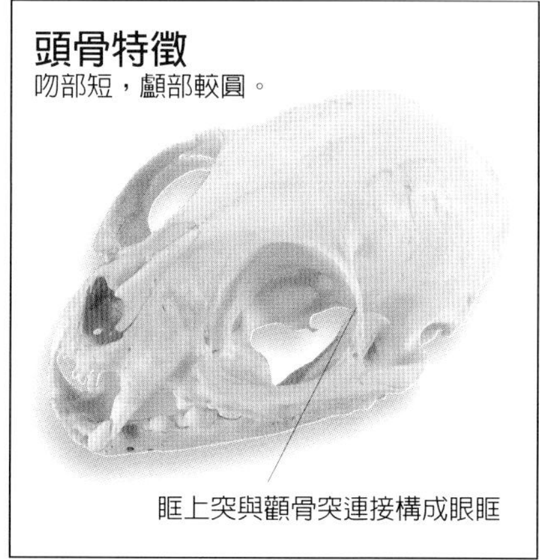

食物

石虎以鼠類爲主食，在生態系中能控制鼠類族群的數量。此外，偶蹄類的幼獸、鼩鼱、野兔、松鼠、鳥類、蛇、蜥蜴、蛙、魚和昆蟲等動物，甚至連部分植物的果實、根、葉都是石虎攝食的對象。

貓科動物有磨爪的習性，這棵大葉桉是某隻家貓固定磨爪的地方。

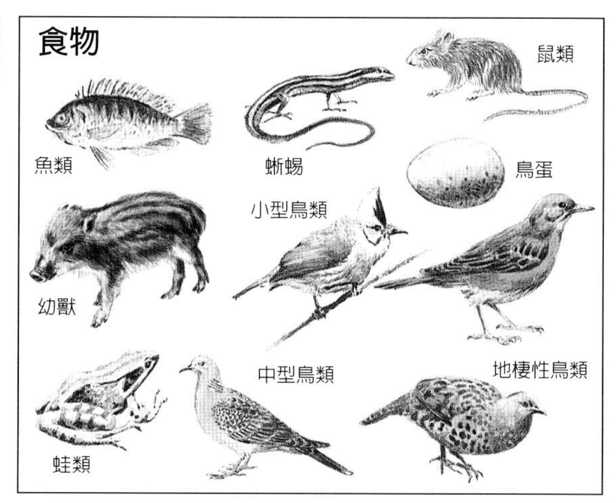

貓科動物的舌頭表面常見角質化的棘刺，刺尖朝後有如銼刀的作用，可以舔淨獵物骨縫中的餘肉。

野外觀察

【樹幹上的痕跡】石虎在躍身上樹的時候，會踢落一些樹皮或青苔，然而因爪尖較細，不易留下明顯爪痕。但若是爲了磨爪，則會在樹皮上留下多條長長的爪痕，而且也可能長時間用同一棵樹磨爪。

【排遺】石虎的糞便外形與家貓的相似，但在野外少有發現記錄，這可能是因爲牠會到溪中排便，讓糞便隨水沖走，而在土地上排便後，也會用後腳扒土掩蓋，所以不易看到。

各種蹤跡出現的狀況

目擊	叫聲	食痕	足跡	路徑	哨抓	摩擦	巢穴	排遺	食餘
			●		●				

●很難發現　●●偶爾發現　●●●經常發現

足跡與步態

趾行。前腳五趾，但拇趾不著地，後腳4趾。因棲息環境靠近水，所以會在溪邊留下腳印，雨後林間的泥地上也可能有踩踏的痕跡。行走時前後兩腳印經常重疊，單個腳印看起來形狀較圓，掌和蹠肉墊較大，後腳印較長，爪尖均不留痕跡。

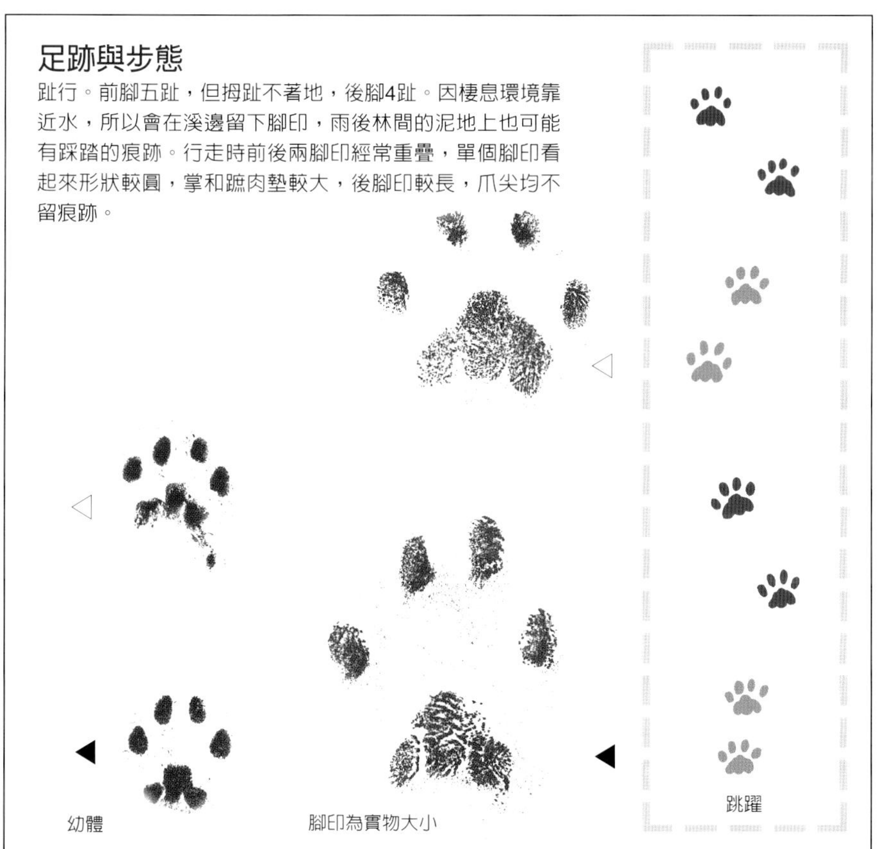

雲豹

雲豹

雲霧森林中最神祕的動物

特有亞種，瀕臨絕種保育類
食肉目／貓科
英名： Clouded Leopard
學名：*Neofelis nebulosa brachyurus*
別名：樟豹
體長：61～125cm（雌雲豹體型較小）
尾長：55～92cm
分佈：曾經分佈在台灣東部和南部山區，日據時代博物學家鹿野忠雄認為雲豹棲息在海拔300至3000公尺之間，而動物學家黑田長禮則認為應在1000公尺以上，但不論往昔何者說法正確，現今已是豹蹤難覓；近年只有玉里野生動物自然保護區和玉山國家公園楠梓仙溪地區，分別在1990年及1996年有發現疑似雲豹足跡的紀錄。

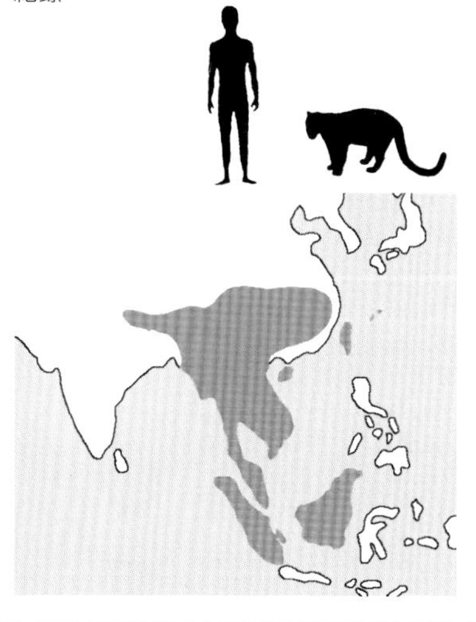

雲豹是台灣山林中最具有神秘色彩的動物，雖然近年來已無正式發現的紀錄，但在許多民間傳說中，牠的形影卻不曾消失。自稱是雲豹傳人的魯凱族認爲雲豹是神明的化身，在他們的歷史中，雲豹曾被先人豢養並視爲勇敢的獵犬一般。

雲豹屬於大型貓科動物，分佈在喜馬拉雅山東南至中國大陸、印

在魯凱族的傳說中，位於舊好茶的深潭，是最初雲豹引領他們到此定居的落腳處。

度、泰國、印尼、大陸閩粵和台灣，牠和眞正的豹並無親緣關係，那身上雲一樣的美麗斑紋讓牠在貓科動物中格外耀眼。

目前除了原住民祖先留下的雲豹皮背心之外，我們只能在省立博物館典藏的台灣雲豹標本及動物園看到雲豹身上特殊的花紋。牠的長條形色斑是所有貓科動物中最大的，色斑在腰部變成圓形的大斑點，到了臀部則斑點變小而實心，尾部則有十多節黑色不規則的環狀斑塊。眉、頰、口部都有長達15公分的白色髭鬚。

台灣雲豹在已近絕跡的情況下，沒有詳細的野外觀察與記錄，只有參閱亞洲其他區域的報告，並且從

雲豹皮製成的皮衣是排灣族權貴的象徵，只有大頭目才有資格穿著。圖為來義村大頭目高武安先生。

大武山盛傳著有雲豹出沒。

台灣雲豹可以倒掛在橫出的枝幹上，無聲無息地靜待獵物接近，然後倏地翻身撲下，咬住獵物的頭部。

原住民口傳的描述和日據時代部分的資料中推測雲豹的習性。大致上雲豹是晨昏活動頻繁而偏夜行性的動物，常單獨活動，白天棲息在樹幹上或斷崖岩石下，夜晚才現身伏擊行經的動物。但牠並非是完全的樹棲性，也常在地上行走或撲追動物。可能的棲地為原始或次生闊葉林、混合林或針葉林，只要有足夠棲息的大樹和豐富的食物即可。但是雲豹並不喜歡濕冷的環境，在台灣北部山區並沒有發現的紀錄。

鉤爪與利齒

像一般的貓科動物一樣，雲豹有厚實有力的腳掌，前方的尖利鉤爪平時可以由兩側的韌帶牽引向上縮回，隱藏在趾端的皮膜內，行走時並不外露，只在獵捕或爬樹時受下方的韌帶牽引，自爪鞘中伸出。

在犬齒與體長的相對比例上，雲豹是貓科動物中犬齒最長的，連前臼齒也很尖銳。撕咬獵物時牠會用門齒、犬齒和前臼齒咬住，再由強壯的頸部出力使頭向後拉扯撕裂肉塊。

特殊的獵捕方法

一般貓科動物在獵捕時乃伏身接近，然後倏地撲擊，就算是由樹上跳下，也要經過一番追趕才能捕獲獵物。然而雲豹除了地面伏擊之外，還會悶聲不響地在橫出獸徑的樹幹上等待，並且不時地輕擺著維持平衡的長尾巴，當有動物經過時

貓科動物的類別

貓亞科
- 大型貓（或稱豹類群）：代表性的動物為獅、虎、美洲豹。
- 小型貓（或稱貓類群）：代表性的動物為美洲山獅、石虎、家貓。

獵豹亞科——本亞科僅有獵豹一種。

大型貓的特徵：

❶瞳孔收縮時為圓形。

❷用全口的牙齒向上撕扯獵物。

❸會發出吼叫聲。

❹休息時前腳向前伸，尾向後平伸。

❺主要用舌舔的方式理毛。

小型貓的特徵：

❶瞳孔收縮時成紡錘狀。

❷用臼齒左右側向咬下肉塊。

❸不會發出吼叫聲。

❹休息時前腳收在胸部，尾彎曲盤在大腿旁。

❺可用前腳及舌舔的方式理毛。

小型貓

大型貓

大型貓

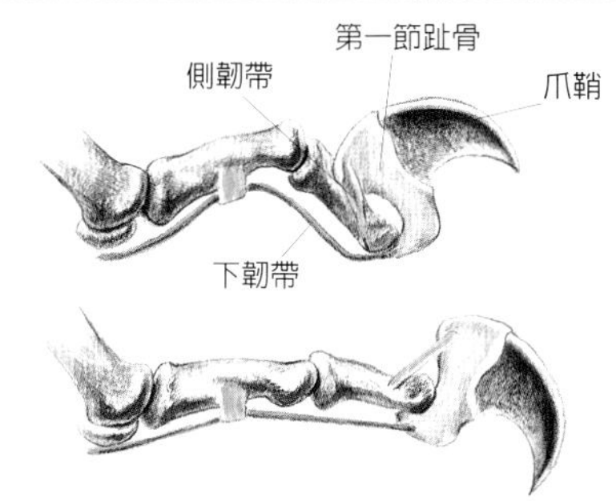

貓科動物具有可以伸縮的爪，當兩側韌帶收縮，而下韌帶放鬆時爪內收，反之則爪尖伸出。

便靈巧地翻身下樹，直接撲向動物咬住頸部而將牠制服。這一招是雲豹快、狠、準的特殊獵捕方法。

雲豹是標準的肉食動物，在樹上活動的松鼠、台灣獼猴，或是夜晚棲於樹上的藍腹鷴，地上經過的山羌、山羊、山豬、白鼻心、野兔、鼠類都是牠們獵食的對象。至於體型較大的水鹿，也可能是獵物之一，但若眞的獵獲水鹿，在無法一次吃完的情況下，往往到四處活動或飲水之後，再回來繼續享用。

介於大貓類和小貓類之間

世界上的貓科動物，又可分爲大

頭骨特徵

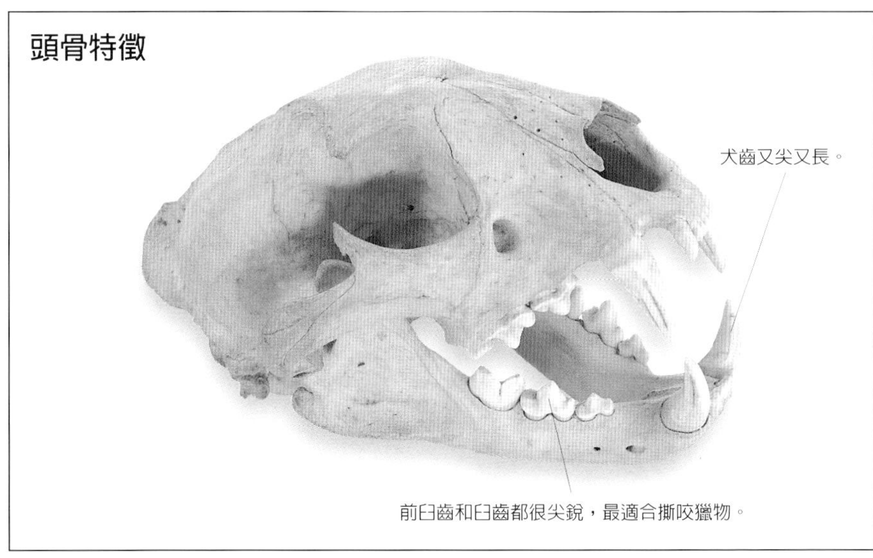

型貓類（如：獅子、老虎）和小型貓類（如：石虎、漁貓），各有其結構和行爲上的特徵，然而雲豹在習性上卻介於這兩者之間。例如牠撕扯肉塊的方式、不會用前腳在頭部大範圍理毛、休息時前腳向前伸直、進食時臥下用前足按住食物拉扯，這些都是大型貓類的行爲。而不會發出吼叫聲、瞳孔收縮時中央成紡錘形，這些卻是小型貓類才有的特徵。

野外觀察

【覓食方式】雲豹不會將動物的毛皮一起吞下，故有留下食餘的可能。

【排遺】糞便成粗長條狀，含毛量少，在林間可能會自行掩蓋，因而不易發現。

【磨爪痕】爲了保持鉤爪的尖利以方便爬樹，雲豹會在樹幹上磨爪。雙掌快速的扒抓應該會在樹皮上留下痕跡，但時至今日未曾有確實的記錄。

各種蹤跡出現的狀況

目擊	叫聲	食痕	足跡	路徑	啃抓	摩擦	巢穴	排遺	食餘
			●						

•很難發現　••偶爾發現　•••經常發現

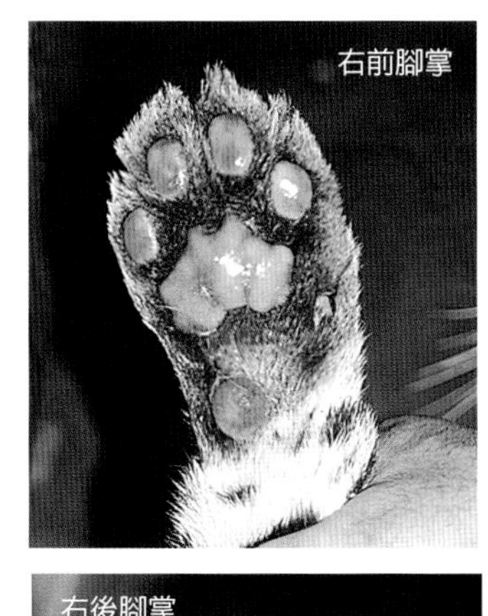

足跡與步態

趾行。前腳5趾、後腳4趾，但前腳拇趾爪小且懸空不著地，故在地上所見前後腳印均為4趾。雲豹既不會像大型貓類般發出吼叫，在密林中又常停留在樹上，所以只有在靠近水源或雨後的泥砂地上才會留下腳印。雖然腳印的大小與大型犬相似，但雲豹的爪尖不會出現在指印前方，而且掌墊較大，下緣有三處明顯突出，可與犬類有所區別。

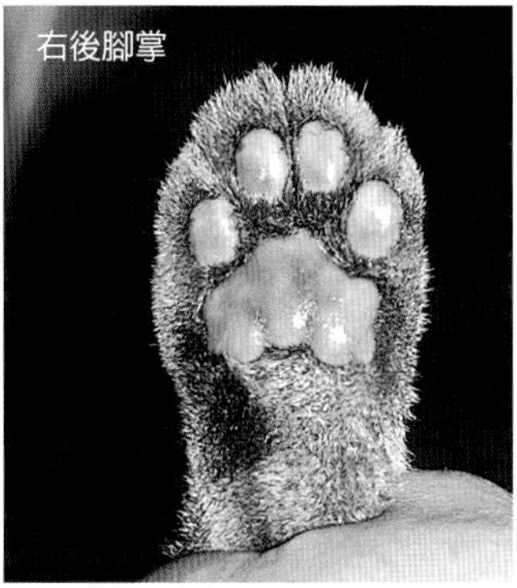

右後腳掌

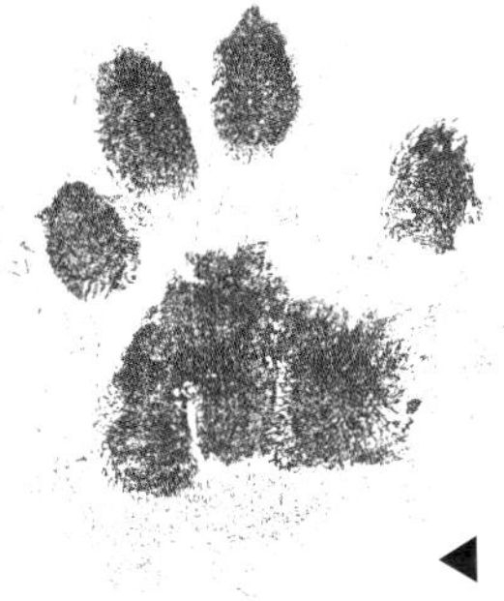

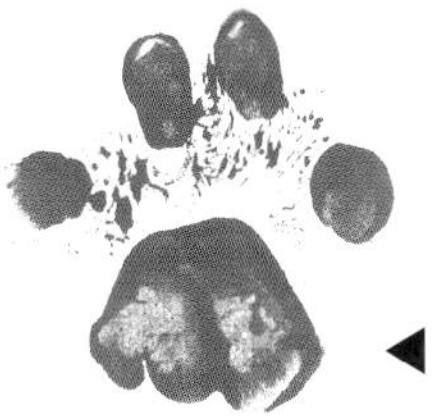

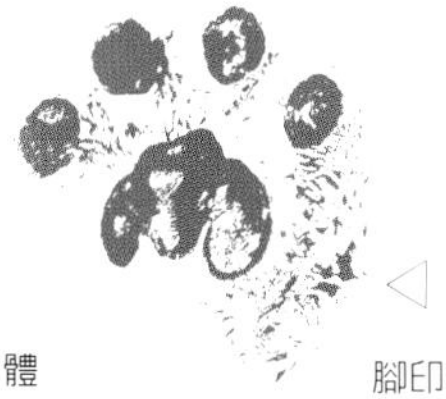

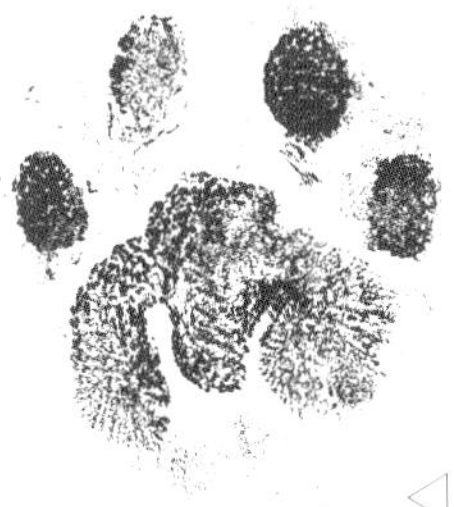

幼體

腳印依實物大小×50%

台灣野兔

兔形目動物簡介

雖然在大多數人的印象中，兔子的特徵是長耳朵、短尾巴，外加兩顆大門牙，但是實際上在兩顆門牙的後方還有兩顆小門牙。在舊的分類上，因為兔子的門牙也會因磨損而不斷生長，故曾被列入囓齒目中，並以其門齒呈前後排列而稱為重齒亞目，但後來生物學家認為兔子與囓齒目動物的演化乃來自不同的起源，門齒只是在功能上趨於近似，所以就將牠另列一目，稱為兔形目。台灣的兔形目動物只有台灣野兔一種。

特有亞種
兔形目／兔科
英名：Formosan Hare
學名：*Lepus sinensis formosanus*
別名：山兔仔、華南兔
體長：35～38cm
尾長：5～6cm
分佈：一般以全島丘陵地、河岸邊緣草生地最常見，普遍分佈在海拔500公尺以下，但在南横天池（海拔約2280公尺）竟然也有野兔，是否為上山膜拜的人所買來放生的個體則不得而知。

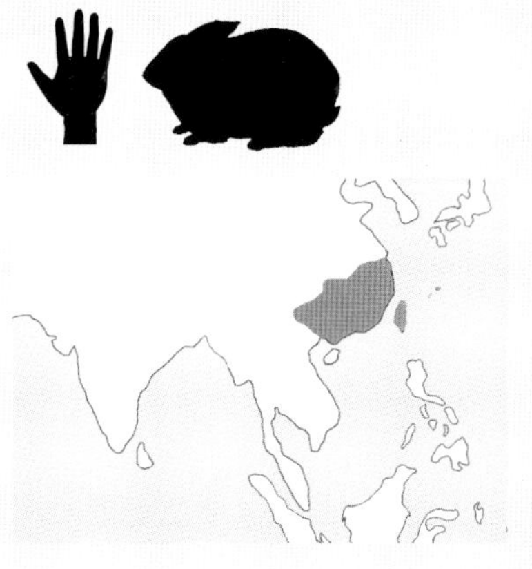

台灣野兔

適應力驚人的荒地棲息動物

野兔的上唇中央分裂成左右兩瓣，使上下門牙明顯易見。

野兔的眼睛是褐色的，人們多半以爲兔子有對紅眼睛，其實就連家兔也並不是每一種都是紅眼睛，只有類似白化個體的白色家兔，才會因缺乏細胞色素的呈現而讓眼睛看起來呈紅色。

中國大陸和台灣共有9種野兔，台灣野兔是華南兔的一個亞種，耳和尾的長度是所有野兔中最短的。淡黃褐色的毛，毛尖與腹下顏色較淡，毛色因季節性的改變不多。兔子的上唇中央有縱溝，將上唇分爲兩瓣，是天生的「兔唇」。牠們的後腳特別長，擅於奔跳，速度非常快。

台灣野兔也屬於夜行性，喜歡在人類行走的小道上活動，棲息於海岸防風林、河岸砂洲、廢耕地、農田、果園、墓地、演替初期的森林、低海拔山區之灌芒叢間和高山草原。牠們通常在暗夜中單獨行動，只有初生幼兔會隨著母兔出現在巢穴附近，但生性機敏，周遭環境略有風吹草動即躲入草叢中。

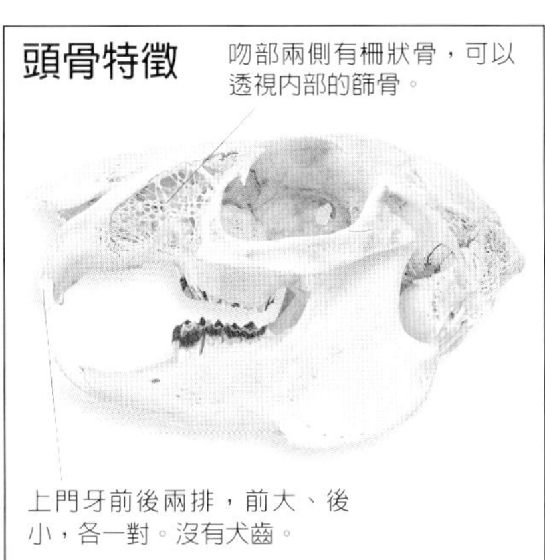

台灣野兔與家兔

家兔是源自歐洲的穴兔類，牠們會在地下挖掘複雜而有多條出口的穴道居住，是名副其實的「狡兔三窟」。因有良好的屏蔽，所以穴兔類初生的仔兔身上無毛，眼睛也不會立即睜開，需由母兔哺育一段時間才有能力自行活動。但是台灣野兔並不挖洞穴，牠們多半利用地上濃密的草堆，或整修利用現有的洞穴，生產往往就直接在草叢中，只襯墊些軟草和體毛。所以剛出生的仔兔身上已有短毛，並且可以很快地睜開眼睛自己活動，雖然也一樣要由母兔哺乳，但已可隨母兔在巢附近活動，一週後便可開始吃草，不久便能獨立生活。

野兔要不要喝水

許多賣家兔的商人都會告訴客人

河流兩岸的草生地是野兔重要的棲息地。

台灣野兔並不挖洞穴，濃密的草叢就是牠們的兔窩。

「兔子不可以喝水」，其實只有在哺乳期及吃了足夠嫩葉的情況下才不必喝水。野兔也是一樣，若攝取的食物中水分含量充足，經體內的代謝所產生的水分足夠維持正常生理機能時，就可以不喝水，否則仍是需要喝水的。需水的程度乃隨季節與食物而不同，通常在夏天的月夜，較容易觀察到生活在河岸的野兔到河邊喝水。

食物

野兔的消化道有發達的盲腸可以消化植物纖維，是典型的草食動物。牠們幾乎攝食所有植物的嫩芽和嫩葉，但更喜歡富含澱粉的甘薯，所吃的植物包括了菜園內的各種蔬菜、林區內的樹苗、河邊的莎草科植物以及山野間的各種野草。

野外觀察

台灣野兔生性狡黠又常藏身在濃密的草叢中，要親眼看到兔子的身

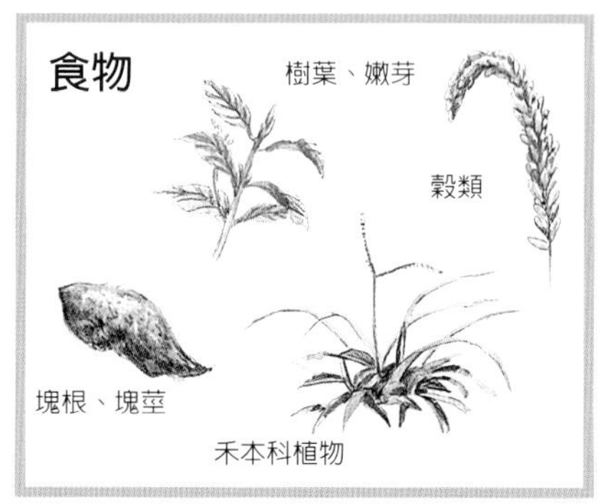

影並不容易。幸好牠們生活的地方接近河岸，常會在泥砂上留下典型的足跡，以及明顯可見的顆粒狀小糞球，暴露了出沒的訊息。

【覓食方式】在活動覓食的區域內，可以看到離地15至30公分處，有許多嫩葉及芽被啃咬的痕跡。

【排遺】野兔的糞便在牠們活動的區域內不難發現，往往成小堆聚集，圓形，直徑約1公分，植物纖維的結構明顯，顏色由墨綠到乾草色。

各種蹤跡出現的狀況

目擊	叫聲	食痕	足跡	路徑	啃抓	摩擦	巢穴	排遺	食餘
●		●	●●●					●●●	

•很難發現　••偶爾發現　•••經常發現

台灣野兔跳躍的姿勢

足跡與步態

趾行。前後腳均為四趾。腳底的肉墊被毛覆蓋，完全看不到，爪尖會隨腳印留下痕跡，在泥地上可明顯看到腳底毛的印痕。本書將其步行方式歸納為趾行，可能與許多資料或舊有觀念不同，但根據筆者觀察，台灣野兔只有在靜止不動時，後腳蹠部才會完全著地，只要一活動，蹠就會離開地面。野兔最常用的兩種行動方式為步行和跳躍，步行多半在短距離移動時使用，躡手躡腳的樣子，好像怕弄出聲響會引起敵害的注意；另外，跳躍是長距離移動的主要方式，在地上留下併排的兩個後腳掌印，以及一前一後的前腳掌印，這是野兔特有的足跡。在許多會下雪的地區，當地的野兔後腳的蹠部也可能會因陷入鬆軟的雪中而留下痕跡，所以被認為是蹠行性。

在河床砂地常可見到野兔在夜晚活動後留下的足跡。

跳躍

腳印為實物大小

台灣的松鼠

嚙齒目動物簡介

嚙齒的意思是指上下門齒在啃咬時會磨損，但又能不斷地生長，這類動物在自然界中分佈最為廣泛，從都市、農村到原野山林幾乎無所不在，牠們大致又可分為松鼠、飛鼠和鼠類。松鼠在白天活躍於林間，晚上則是飛鼠和鼠類的天下。嚙齒目動物吃的東西以植物為主，而牠們又是肉食動物重要的食物之一，所以在生態食物鏈上具有關鍵性的地位。以松鼠而言，赤腹松鼠、大赤鼯鼠廣泛分佈於台灣，牠們是松鼠科動物的代表。鼠類中的溝鼠與家鼠會從港口的纜繩上船，因而遍佈世界各地，牠們是鼠科動物的代表。台灣的嚙齒目動物共有19種，包括了松鼠科6種（3種松鼠與3種飛鼠）、鼠科13種。

松鼠科
赤腹松鼠
長吻松鼠
條紋松鼠
小鼯鼠
大赤鼯鼠
白面鼯鼠
鼠科
赤背條鼠
臺灣森鼠
鬼鼠
巢鼠
田鼷鼠
家鼷鼠
高山白腹鼠
刺鼠
小黃腹鼠
玄鼠
溝鼠
天鵝絨鼠
臺灣田鼠

台灣的松鼠

森林中的小精靈

松鼠是卡通世界裡最常出現的動物之一，牠圓圓的眼，捧起堅果認眞用門牙啃食的機靈模樣，可愛極了，尤其是那蓬大粗長的尾巴，平衡感極佳地穿梭在樹幹枝條間，總是引來旁人的注目。

在台灣，松鼠的身影常在公園、校園以及郊野淺山的路旁林木間出沒，這樣可愛的動物總讓人忍不住要佇足觀看，然而，隨著人類伐木造林，松鼠卻又成了人造林中最不受歡迎的動物，因爲在人造純林裡，松鼠的食物嚴重減少而且單一，牠們於是不得不啃食樹皮以求生存，結果導致柳杉之類的林木被剝皮致死，林務人員總爲此傷透腦筋。松鼠在人類的眼中，就是這麼

赤腹松鼠也常下到地面來活動。

兩極化地被喜歡與被討厭。

毛色與體型的特徵

台灣的三種松鼠當中，條紋松鼠體型較小，尾毛不蓬鬆，背上有深淺相間的數條縱紋，看起來很像南瓜皮上的花紋，所以俗稱「金瓜鼠」。赤腹松鼠與長吻松鼠體型相似，有長而蓬鬆的尾毛，看起來像一把大瓶刷，於是台語的俗名均稱爲「蓬鼠」。赤腹松鼠的胸腹部多爲赤棕色，但少數有顏色深淺上的差異；而長吻松鼠的胸腹部爲米黃色，鼻吻部稍長，毛也較柔軟。

分佈情況

赤腹松鼠較能適應人爲開發後的環境，甚至都市中的綠地，如校園、公園，都可以看到牠們的蹤影，當果園的水果成熟時，牠們也是常客。由於適應力強，所以從平地到海拔3000公尺的山區均有牠們的蹤跡，是最容易看到的松鼠。根據記載，日本曾於1933年自台灣引進赤腹松鼠，飼養在伊豆大島的動物園內，結果在被放養之後，由於特強的適應力，如今已是全島普遍可見的動物。

長吻松鼠分佈在較高的山區，大約從海拔1000至2800公尺；條紋松鼠則分佈在500至3000公尺之間，前者較爲少見，後者則是在局部地區有較多的數量。

日行性的動物

台灣的三種松鼠都在白天活動，尤其是赤腹松鼠，幾乎在生活周圍環境中就能經常遇到。牠們較爲活躍的時間是早晨和黃昏，午間則常在樹幹上或草叢中休息。赤腹松鼠在酷熱的夏天會趴在較粗的平展樹幹上，四肢及尾巴完全舒展，頗怡然自得。除了繁殖期雌雄松鼠會求偶追逐、母子松鼠會同行進出之外，大部分的時間松鼠都是單獨活動。赤腹松鼠在樹上活動的時間多於地面，經常在樹冠層奔走覓食、摘取果子；而長吻松鼠則多在森林下層及地面活動，常撿拾掉落地面的果實；條紋松鼠在地面的活動時間也多於在樹上，然而往往只有當牠們在巨大的針葉樹幹上奔走時才會被人發現。

松鼠的家

在這三種松鼠當中，目前只見到赤腹松鼠會築巢居住。就在高大的樹木或竹子上層，約離地面10到20公尺的枝幹分叉處，牠們用週圍帶著葉片的樹枝，先結成一個直徑約50公分的橢圓形巢窩外層，再從附近帶回較柔細的材料如棕櫚皮、柳杉樹皮、芒花等材料在內層編織，做出中央直徑約15公分的空間供休息或生產。同一隻赤腹松鼠通常不只築一個巢，也不一定每天都回巢，這樣或許可以讓覬覦的掠食者算不準牠們何時會來而放棄「守株

赤腹松鼠的巢

外圍是較粗的樹枝；內層以較柔軟的芒穗或棕皮襯墊。

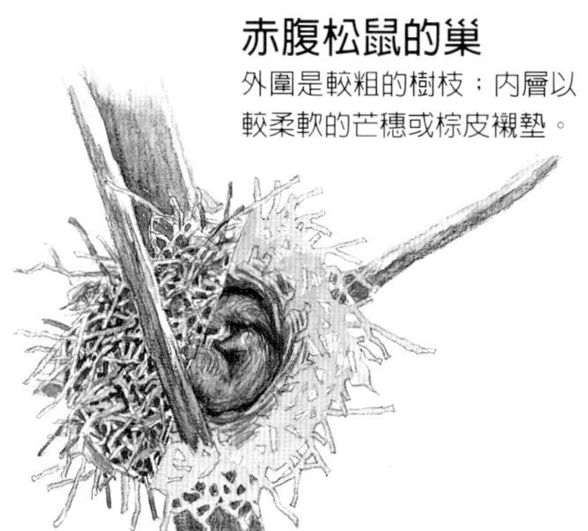

赤腹松鼠的巢造在濃密的枝幹之間。秋冬時樹木開始落葉，此時赤腹松鼠的巢較容易被觀察到。

赤腹松鼠倒趴在樹幹上啃食。

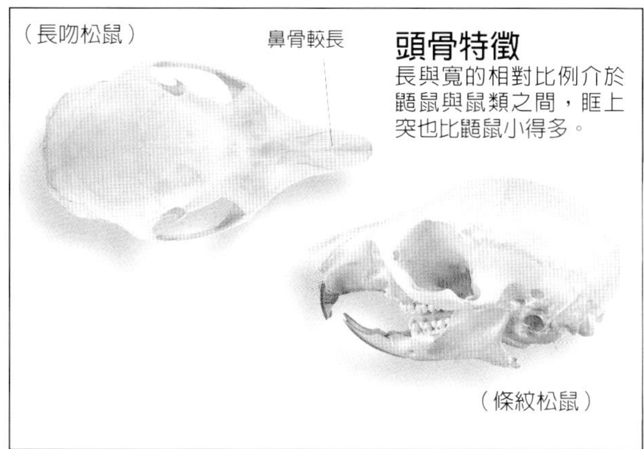

待鼠」。至於長吻松鼠，目前並沒有任何築巢或是住在洞穴中的發現，而條紋松鼠則住在樹洞中。

有趣的覓食與貯食行為

松鼠的食物主要是植物類的堅果、核果、漿果、花朵、嫩芽、嫩葉和毬果等，但牠們也捕捉像金龜子和蟬這一類的昆蟲，若是發現鳥巢中有鳥蛋，牠們也會偷吃。赤腹松鼠較能適應人為環境，所以在公園等地常會接受友善的遊客餵食或撿拾遊客的食物殘屑。

由春到冬，松鼠非常瞭解在自己的生活領域內哪一棵樹何時有嫩芽或果實，便依著時節在不同的植物上覓食，赤腹松鼠常奔走於樹梢，用後爪倒吊在柔軟的枝條末端，以前爪搆著成熟的果實，再用利牙啃

倒木中成堆的大葉校力（殼斗科植物）果實，顯然是被松鼠叨來存放的。

斷枝條，取得成串的果實後便銜至平展的粗枝幹上，再用前腳抱起果實啃食果肉或種子。

秋天是原始闊葉林內殼斗科植物結實的季節，這些高能量的堅果正好是松鼠度冬前最佳的食物，但是當大量果實成熟而一時採食不完的時候，松鼠會將堅果一粒一粒地用嘴推入土中，再用腳踩踏。常在地面活動的長吻松鼠，這種行爲非常明顯，而條紋松鼠則可能將大量的堅果藏在樹洞中。雖然牠們很努力地貯藏，但是當冬天來臨時卻並未必能準確地一一找出來。這些已有松鼠啃痕的堅果，將有機會在春天來臨時長出新樹苗。根據調查發現，未經松鼠啃咬就埋入土中的殼斗科種子，往往很難發芽生長。在這奇妙的自然界中，動植物間似乎早已安排好許多彼此互惠的方式。

野外觀察

由於松鼠是日行性動物，看到牠們的機會也就更多，除了前面曾提到的築巢覓食、貯食行爲之外，牠們在樹幹上奔走、跳躍的技巧也是一流，不僅可在垂直的樹幹上頭朝下地直奔，甚至可以突然停住不動，幾乎沒有任何滑落的疑慮，那是因爲牠們具有較長的趾爪可以牢牢攀附。當周圍環境有異狀時，正在進食的松鼠會將食物塞入口中，雙爪騰空朝有異狀的方向凝視；如果正在行進中，則尾部蓬鬆、抬頭凝視，全身靜止不動。觀察者若要再進一步探察，松鼠則引頸向前、尾部上下拍動，或將尾巴翹在背上。平時個體與個體之間也會出現

松鼠的各種食餘

追逐、臣服、相互理毛和交配等社會行為，這些寫實的動作劇情，正是我們觀察的重點。

【**食餘**】松鼠在樹上啃食堅果時會將外殼拋下，這些外殼會有啃痕；吃漿果時，常只吞嚥果汁而吐掉殘渣，或是在吃種子時將果皮給扔了，所以在覓食的地方常留下食餘。

【**排遺**】在有食餘的地方，往往可以發現橢圓形的排遺，暗綠色。

【**聲音**】赤腹松鼠會發出許多種聲音。如：「咕、啾、卡戚、霍」等代表聯絡與警告的訊息，當與人類不期而遇時，常發出「嘎」的聲音並伴隨拍尾的動作。條紋松鼠緊張時所發出的聲音為「嘰喳」，並且迅速走避。

各種蹤跡出現的狀況

目擊	叫聲	食痕	足跡	路徑	啃抓	摩擦	巢穴	排遺	食餘
●●●	●●	●●			●●		●	●	●●●

●很難發現　●●偶爾發現　●●●經常發現

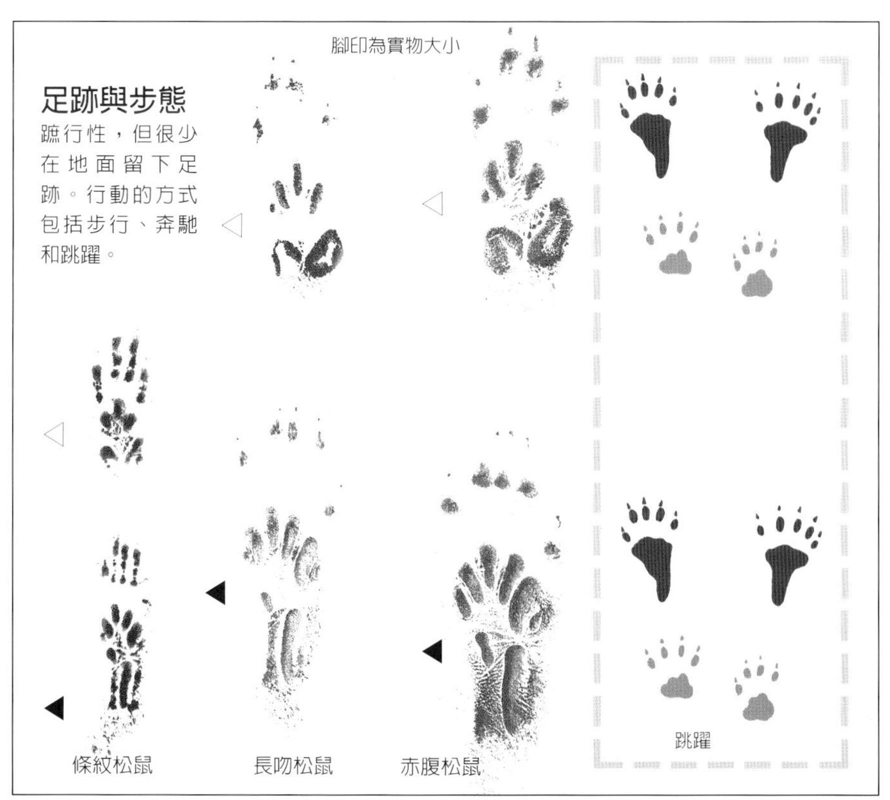

台灣的飛鼠

台灣的飛鼠

高來高去的滑翔一族

哺乳動物中，蝙蝠類是唯一可以在空中飛行的動物。除此之外，另有一類動物也具有特殊的空間利用能力，那就是能「滑翔」的鼯鼠（又稱飛鼠）。鼯鼠的身體兩側在前後肢之間均有皮膜相連，撐開來像是方形的風箏，還拖著一條毛絨絨的長尾巴，可以在樹與樹間作長距離的滑翔。這樣的滑翔能力，可以讓牠們在森林中充份利用地面以上的空間，以節省時間並減少危險。

白面鼯鼠棲息的海拔較高，枝幹橫出的針葉樹有利於牠們的滑翔。

台灣的飛鼠有三種。大赤鼯鼠全身赤褐色，腹面的顏色較淡，背上及尾端雜有黑色的毛。白面鼯鼠背部也是赤褐色，但臉、胸和腹部爲白色，部分個體尾端也會出現白色。小鼯鼠的背及尾部爲土黃色夾雜著黑色毛，胸腹部顏色淡，頭頂靠近兩側耳朵的部位各有一撮黑色長毛。牠們的前肢腕骨外側還有軟骨的特化延伸，使得皮膜能撐得更開，這與蝙蝠後腳內側踝部的軟骨特化用來撐開股間膜的方式，有異曲同功之妙。

分佈情況

從100公尺高的小山坡到2600公尺高的森林中，都有大赤鼯鼠的蹤影，是台灣分佈最廣的鼯鼠。白面鼯鼠生活在較高的地方，比大赤鼯鼠整整高約1000公尺，在中海拔的山區可以同時見到這兩種鼯鼠棲息。小鼯鼠生活在海拔約400至2000公尺之間，但被發現的次數甚少，這可能是族群數量原本就少的緣

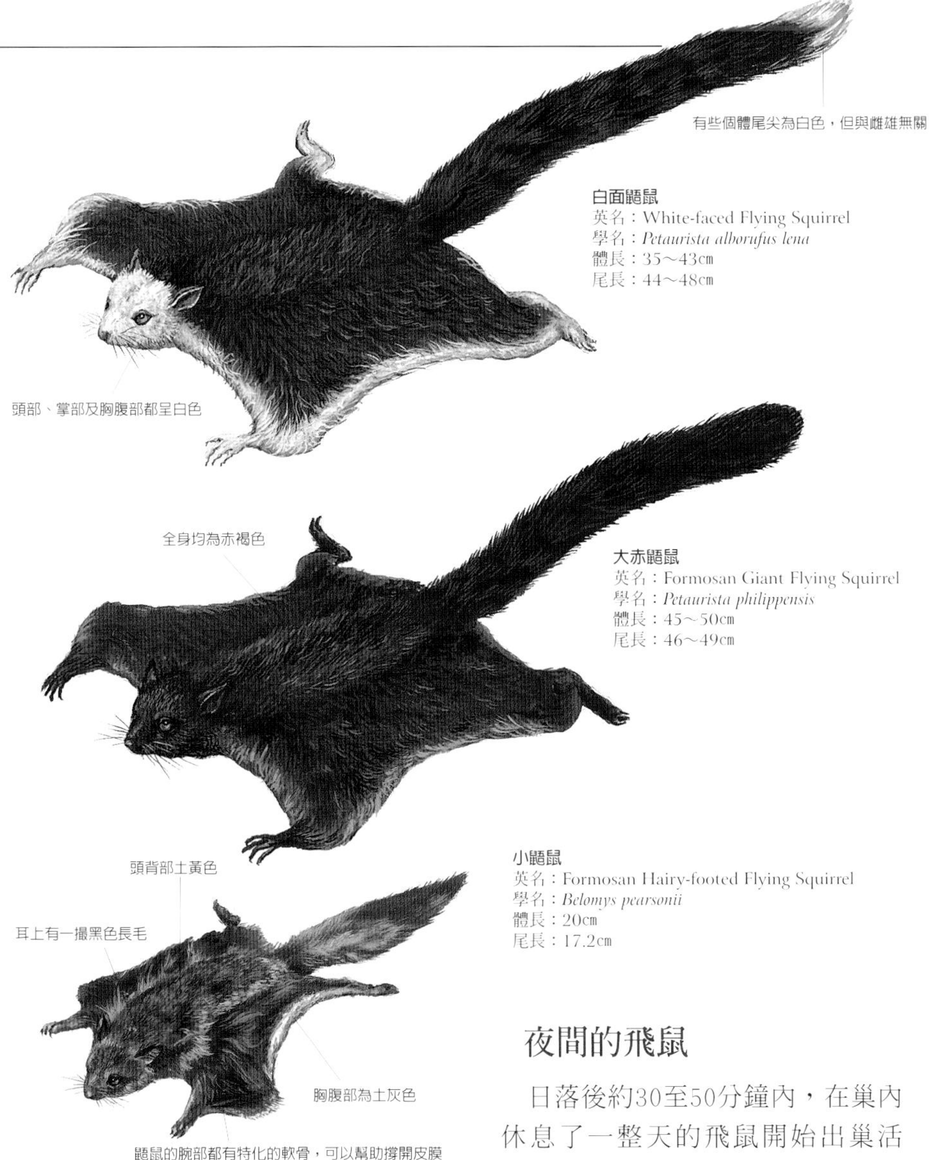

故。台灣的三種鼯鼠都喜歡生活在天然林中，包括闊葉林和針葉林，在人工針葉林中則以大赤鼯鼠的出現機率較高。

夜間的飛鼠

日落後約30至50分鐘內，在巢內休息了一整天的飛鼠開始出巢活動。牠們會先到巢口觀察，伸出頭向四周探望，然後到洞外灑一泡憋了一天的尿，輕鬆許多之後有時會再進入巢中，或開始用前肢洗臉，

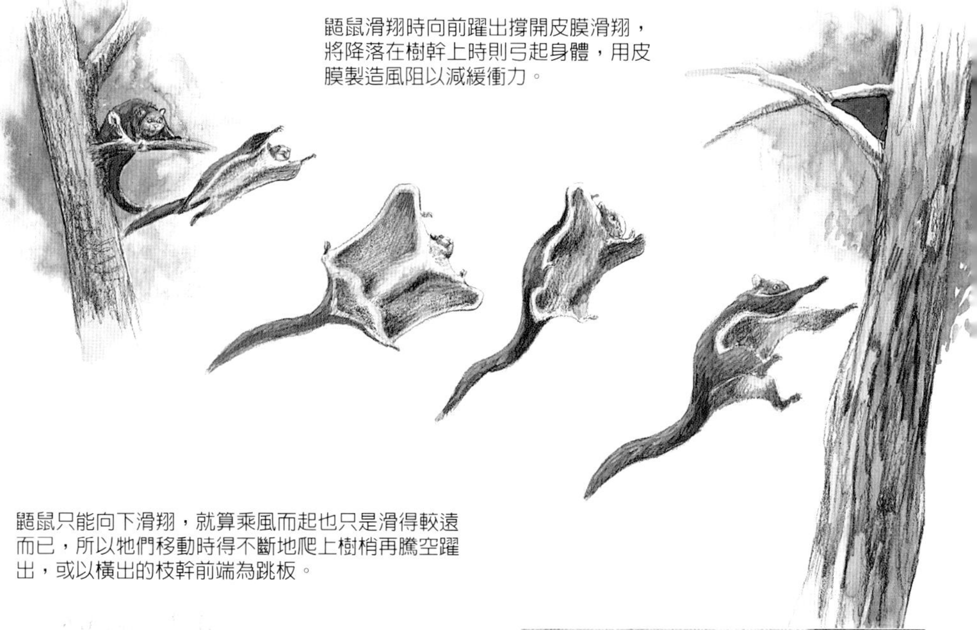

鼯鼠滑翔時向前躍出撐開皮膜滑翔，將降落在樹幹上時則弓起身體，用皮膜製造風阻以減緩衝力。

鼯鼠只能向下滑翔，就算乘風而起也只是滑得較遠而已，所以牠們移動時得不斷地爬上樹梢再騰空躍出，或以橫出的枝幹前端為跳板。

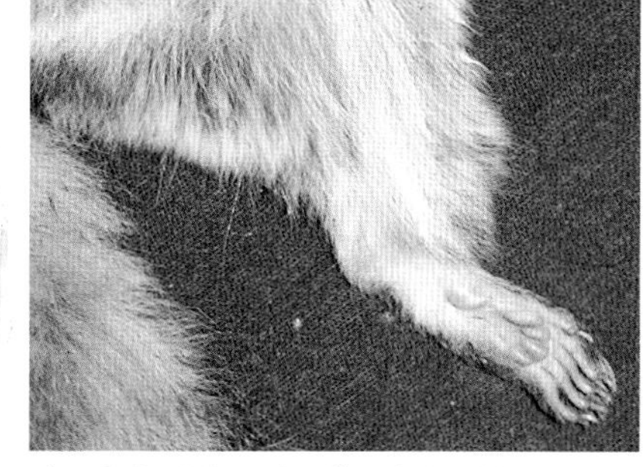

小鼯鼠的飛膜長到腳掌的上方，並非只到膝關節。

或用嘴啃咬理毛，儀容整理好了便開始牠們的「夜生活」。氣候對牠們的影響不大，幾乎可說是雨風無阻。牠們通常都是單獨活動，只有在求偶和哺育期可見成對或母子同行。夜晚9點和深夜2點是飛鼠的兩個活動高峰期，此時無論覓食鳴叫都特別頻繁，直到日出前的1、2個小時才陸續回巢。其間牠們也會在樹上小憩片刻。

飛鼠的移動方式很有趣，牠們會向上攀爬至樹冠或沿著洞外橫生的

成串的黃杞果實是大赤鼯鼠非常愛吃的食物，吃了種子之後會將呈三叉戟狀的種子膜翅扔下。

枝幹奔走到末端，隨即一躍而起，張開四肢撐起的翼膜向下滑翔，長長的尾巴好像方向舵。降落時飛鼠身軀弓起、四肢前伸，四個腳掌同時抓住樹幹。能滑翔多遠則依樹高、樹距和坡度而定，一般可滑行20至30公尺，若順著陡坡乘風向下滑翔，也可以達百餘公尺的距離。坡度大的森林可從高高的樹冠下滑到另一棵樹的樹冠，坡度平緩的林中則降落在另一棵樹的主幹上，降落點離地面大約2至3公尺。每一次前進時總是先爬到高處再次起跳，無論上坡、下坡都是運用這種方法。

食物

飛鼠以植物的葉、嫩芽、花蕾、果實、種子和樹皮爲食。大赤鼯鼠愛吃的樹種繁多，像五葉松嫩芽、小葉桑的果實和葉片、大葉校栗的堅果和嫩芽、黃杞的種子……等等；白面鼯鼠則較常吃針葉樹的毬果和葉子，甚至連小昆蟲也吃；小鼯鼠則特別喜歡甜美多汁的漿果。在生活領域範圍內，牠們依著不同的時節，隨著林木的發芽、結果，固定到某些樹上覓食，並且會連日造訪同一棵樹，這一點倒是有利於夜間觀察時順利地找到或等到牠們。

飛鼠的巢穴

三種飛鼠都利用樹洞爲巢，牠們將樹幹折斷處或自然縱裂的罅隙間

大赤鼯鼠常用的三種巢穴：❶鳥巢蕨的基部❷崖薑蕨的基部❸樹洞

鼯鼠白天捲曲在洞中休息

腐爛的部分挖除，再用利牙啃咬以擴大內部的空間，直到能容身爲止，洞口的大小約10至25公分左右。

大赤鼯鼠在樹洞中的巢高度約十多公尺，往往在接近樹梢下1至3公尺的樹葉繁茂處，但也有極低的巢，離地只有兩公尺多，巢洞內會襯墊著樹葉、細枝、樹皮。除了樹洞之外，大赤鼯鼠還會利用附生在樹幹上的崖薑蕨，將它的基部中央咬空之後作爲巢穴；也會在主幹分叉處用細枝營巢，巢爲極簡單的漏斗狀。然而最簡單的休息場所乃是利用針葉樹茂密的枝葉叢，這兒不需任何的修飾就可直接鑽進去睡覺。

白面鼯鼠會利用的樹洞比大赤鼯鼠要高，最高可達30多公尺，巢內以針葉樹皮爲襯墊，繁殖期還爲幼鼠特別襯上體毛，毛可能是母飛鼠自雄飛鼠的背和尾巴上啃下的。白面鼯鼠也會在枝幹上營巢，築洞和營巢選擇的樹種以針葉樹爲主。小鼯鼠除了樹洞之外還會在岩壁的隙縫中築巢而居，是其他兩種飛鼠所沒有的現象。

頭骨特徵

台灣嚙齒類動物中頭骨最寬而鼻吻部最短的是鼯鼠。眶上突非常明顯。

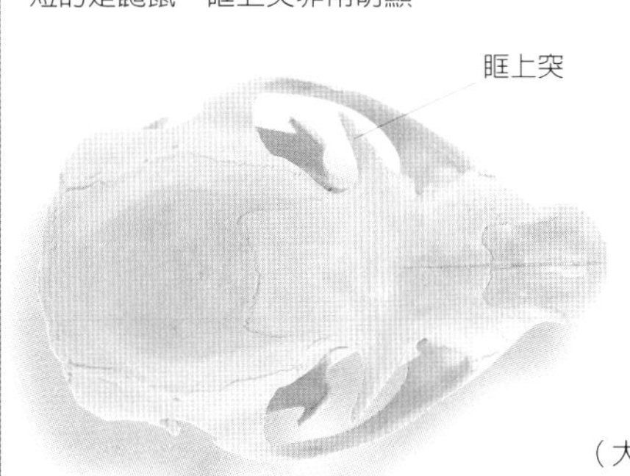

鼯鼠的下門牙牙根竟然長在臼齒的後方，藏在齒槽內的門牙，又彎又長。

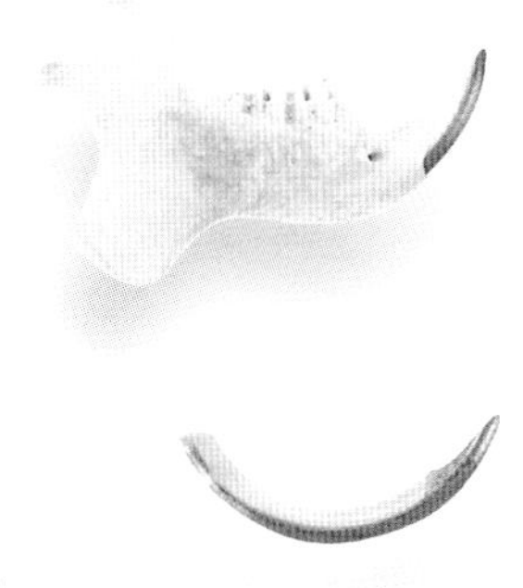

（大赤鼯鼠）

族群島嶼化問題

由於山坡地的大肆開發，許多林木都被砍除，就算還有些保安林留下來，但已不接續而成零零落落的小島狀，那些山區的道路也將整片森林切割成許多區塊，這對平常在地面行走的動物來說，還可趁夜深人靜的時候，穿越馬路或跑遠一點到另一片森林中，可是對於需要樹木才能順利行動的飛鼠而言，卻是很大的限制，於是族群漸漸被孤立成一個小群。這種現象在生態學上稱為「族群的島嶼化」。族群島嶼化的結果，造成基因交換的可能性變小，對於飛鼠族群的延續有極大的影響。

野外觀察

【夜間的觀察】飛鼠是最適合作爲夜間定點觀察的動物，因爲只要因應時節找到牠們攝食的樹種，必然可以見到牠們前來取食，而且在啃食的過程中，牠們不會頻頻地更換位置，而是在一枝幹上蹲坐穩當之後，向四面八方伸掌搆取拉扯採食，往往在一處枝幹上就可停留十多分鐘到數十分鐘，觀察者於是能有相當足夠的時間。而且除了夜視鏡之外，用手電筒也可照到牠們，幸好飛鼠並不畏懼光線，也不會很快逃避，只要沒有聲音干擾，通常能繼續採食。暗夜中以手電筒的光線照在林間樹梢，只要有一對亮點（眼睛的反光）出現，那很可能就是飛鼠。原住民以他們打獵的經驗描述，亮點若呈紅色的是大赤鼯鼠，亮點若爲綠色的是白面鼯鼠，幾次觀察經驗顯示這種分辨的方式是可行的。

【食餘】飛鼠吃剩的枝葉會被截

杉木的毬果也是鼯鼠愛吃的果實之一。

成小段丟下，還有一些果托、堅果外殼、花托和花柄也會因不輕易更換位置覓食，而被拋在樹下成集中散落，明顯易見。

【排遺】食餘的散落堆中有時還可間雜著一些糞粒，但爲數不多，糞粒多半會在進食之後所選的休息枝幹下，以及出巢入巢所經的路線上。白面鼯鼠常利用公路旁的護欄爲跑道或跳台，這是飛鼠除了樹上之外的唯一落點，但仍難留下足跡，只會在水泥護欄上留下大量的糞粒。大赤鼯鼠和白面鼯鼠會排出成堆的糞粒，落下時分散開來，每一粒直徑約0.5公分，暗綠色，大致呈圓型，極易與其他動物的排遺分辨。

【聲音】飛鼠在滑翔及覓食的時候常發出各種意義不同的聲音，尤其是剛出巢及上半夜大約9點和下半夜大約2至3點的兩次活動高峰期，叫聲特別多，剛出巢的一、兩個小時內及中間休息的時間叫聲較少。

白面鼯鼠的排遺。

天池的白面鼯鼠以滑翔跨越南橫公路時，常以路旁的水泥護欄為跳板並留下許多糞粒。

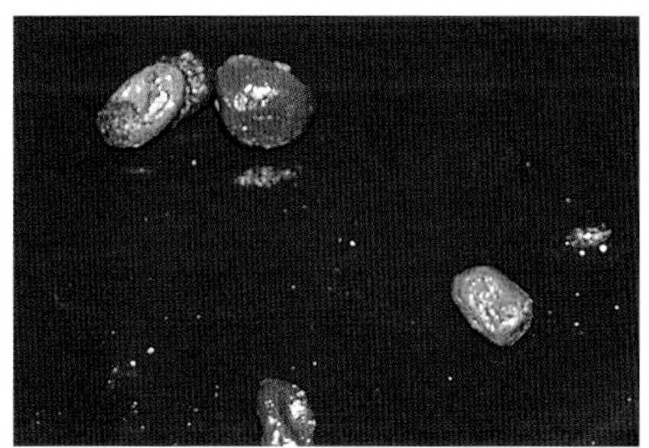
大赤鼯鼠的排遺。

大赤鼯鼠的聲音包括常聽到的ㄙ——及ㄍㄧ、ㄍㄛ・、ㄍㄚ、ㄒㄧㄡ、ㄏㄨ和ㄍㄨㄚ等；白面鼯鼠則常叫出fee——，fee-fee，和偶而的ㄏㄨ聲。

各種蹤跡出現的狀況

目擊	叫聲	食痕	足跡	路徑	啃抓	摩擦	巢穴	排遺	食餘
●●	●●●			●			●	●●	●●●

•很難發現　••偶爾發現　•••經常發現

足跡與步態

飛鼠比松鼠更少到地面，所以很少留下足跡。然而當高海拔地區遇到大風雪之後，飛鼠可能因分辨不出是山坡邊緣或是枝椏上的積雪，而在雪上留下了足跡。

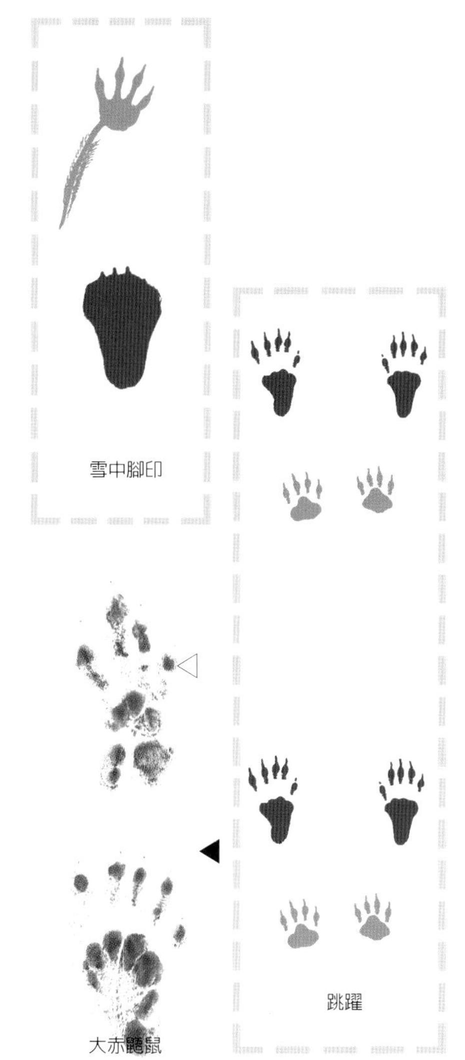

腳印依實物大小×50%

小鼯鼠　白面鼯鼠

台灣的鼠類

台灣的鼠類

食物鏈中極重要的一環

台灣的囓齒類動物，除了松鼠和飛鼠之外，還有屬於鼠科的13種（新的分類方式將倉鼠科的2種也併入鼠科）。這些一般被統稱爲「老鼠」的動物，因爲其中有些靠近人類環境的種類會偷吃農作物、咬壞器具、傳播疾病，所以給人嫌惡的印象；但是另一方面，人類的許多生物科技、醫藥發展卻得依靠實驗鼠的犧牲；再者，有些外型可愛的種類甚至已被馴化當作寵物。事實上台灣的鼠類只有少數會干擾人類生活，絕大部分都棲息在山林田野，擔任著生態系中重要的角色。

分佈情況

鼠類的分佈幾乎可以說是哺乳類中最普遍的了，全世界各地幾乎無所不在。台灣的情況也是如此，甚至在澎湖的無人島上都有牠們的蹤

低海拔農田與廢耕地是鼠類重要的棲地

依實際大小×50%

赤背條鼠
英名：Formosan Field Striped Mouse
學名：*Apodemus agrarius*
體長：8.4～9.7cm
尾長：6.8～8.2cm

背上有一明顯的黑色縱帶

田鼷鼠
英名：Formosan Mouse
學名：*Mus caroli*
體長：6.3～8.9cm
尾長：7～7.6cm

耳殼較突出

腹背毛色有明顯界線

外耳突出

毛色由褐到黑不一

玄鼠
英名：Black Rat
學名：*Rattus rattus*
體長：13～25.2cm
尾長：19～24cm

小黃腹鼠
英名：Brown Country Rat
學名：*Rattus losea*
體長：14.2～15.3cm
尾長：14.5～14.6cm

家鼷鼠
英名：House Mouse
學名：*Mus musculus*
體長：6.8～7.6cm
尾長：8.3～8.9cm

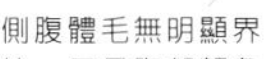

側腹體毛無明顯界線，只是腹部顏色較淡

巢鼠
英名：Harvet Mouse
學名：*Micromys minutus*
體長：5.3～6.3cm
尾長：6.6～8.6cm

耳圓小

腹背毛色有明顯界線

尾細長，可捲曲

細毛中夾雜著許多刺狀的剛毛

刺鼠
英名：Spinous Country-rat
學名：*Niviventer coxingi*
體長：15.9～19.2cm
尾長：18.3～24.9cm

腹部白色，與背部毛色有明顯界線

依實際大小×50%

毛長而蓬鬆

頭大，吻端較短

鬼鼠
英名：Bandicoot Rat
學名：*Bandicota indica*
體長：20.7～28cm
尾長：17.3～24.3cm

尾部的鱗紋

溝鼠
英名：Brown Rat
學名：*Rattus norvegicus*
體長：19～28cm
尾長：13～23cm

跡。生活在低海拔地區的種類包括鬼鼠、小黃腹鼠、田鼷鼠、家鼷鼠、溝鼠、玄鼠和主要棲息在台灣

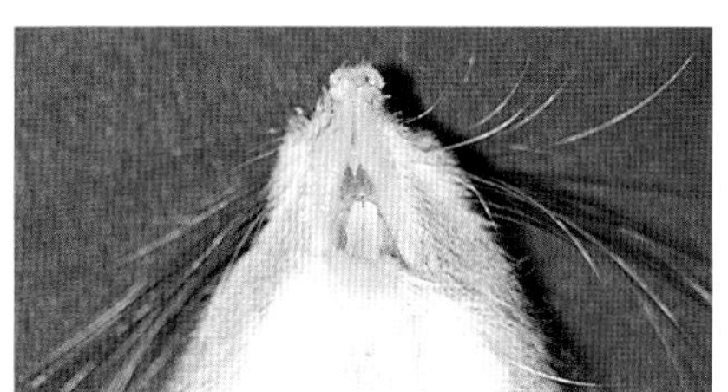
鼠類的門牙會不斷生長，所以稱為囓齒類。

西部平地的赤背條鼠；而刺鼠和巢鼠的蹤跡則從平地到中海拔都有；高山白腹鼠、台灣森鼠、台灣田鼠和黑腹絨鼠則主要在中高海拔地區活動，但低海拔的森林中卻只有刺鼠一種，是一個有趣的現象。

不同的鼠種利用的棲地也大不相同。在人類聚居的村莊，活躍於倉庫、畜舍和廚房的是玄鼠、溝鼠和家鼷鼠，牠們對於人工設施的適應

力很強，就算是新式的水泥建築，牠們仍會從排水管或風管中進入，溝鼠更是會利用下水道棲身及通往各家「餐廳」覓食。在田野間有小黃腹鼠、田鼷鼠、赤背條鼠、巢鼠和鬼鼠，許多農作物像甘蔗、稻米和地瓜就成了牠們的食物。棲息在山區森林及草生地中的有刺鼠、高山白腹鼠、台灣森鼠、台灣田鼠和黑腹絨鼠。這些幾乎遍佈各種生態環境的鼠類，是生活中很容易接觸到的哺乳動物。

在中國大陸動物學家陳兼善所著的『台灣脊椎動物誌』一書中提到，依據博物學家史溫候(1870)的報告，台灣鬼鼠原產於印度，於1630年由荷蘭人引入本島。此外，溝鼠原產於喜馬拉雅山的南方；玄鼠（又名船鼠）原產於東南亞，這兩種在世界各地均有分佈，大概是因爲牠們會生活在港區碼頭，會從纜繩偷渡上船，再隨船隻到達各地，由於牠們的適應力強，便迅速地在當地落腳繁衍，台灣的種源應該也是這麼來的。

鼠類的體型

鼠類基本的體型都是尖頭小耳，短腿圓身長尾巴，只有天鵝絨鼠和台灣田鼠的尾巴很短。

體長大於20公分：鬼鼠、溝鼠和玄鼠。

介於10至20公分：小黃腹鼠、高山白腹鼠、刺鼠和台灣田鼠。

體長不及10公分：赤背條鼠、台灣森

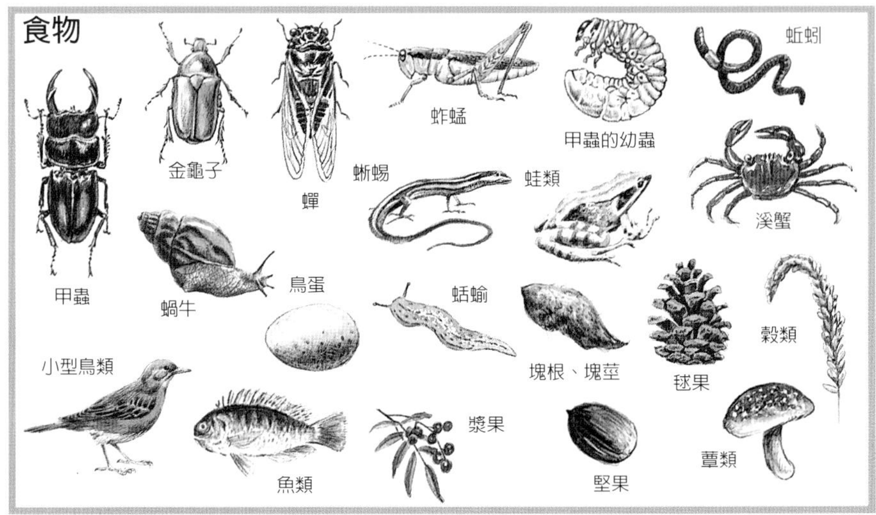

鼠、家鼷鼠、田鼷鼠、巢鼠和黑腹絨鼠。

食物

靠近人類環境生活的鼠類，食物來源即仰賴人類，諸如速食麵、乳酪、糖果和糕餅都是牠們的最愛；山林田野間的鼠類則以堅果、核果、漿果、穀物、塊根、球莖、嫩芽、種子、蕈類、昆蟲、蛙、蜥蜴、螺和螃蟹等為食，大部分都屬於雜食性，而鬼鼠、高山田鼠、黑腹絨鼠是以植物為主食的素食者。

精巧的草窩

除了鳥類會在芒草上編織精巧的巢之外，就以巢鼠織巢的技巧最好，雖然有些時候牠們也會利用鷦鶯的巢加以整修，但多半仍是自行構築。巢鼠利用茅草、蘆葦、兩耳草的莖為支架，將莖葉順著平行脈撕開但不咬斷，所以織成的巢還可保持著青綠的顏色。巢多半位在離地50至100公分的地方，直徑約6至13公分，沒有明顯的出入口，牠們用這樣的巢來棲息與繁殖，冬天則移居土洞中。除了巢鼠之外，田鼷鼠也會築巢，牠的巢位較高，直徑也較大，約達20公分左右，常織於

溝鼠在土堤上挖掘的洞穴。

從許多書籍中得知生活在高緯度地區的鼠類，常會在雪季來臨前，在地洞中儲食。生活在台灣高海拔地區的鼠類是否也有此種行為，目前尚未確知。

芒草或狼尾草上。

除了這些會織巢的鼠類之外，其他鼠類多半住在自行挖掘的土洞中，靠近房舍的鼠類會利用房屋的夾層、倉庫的雜物堆棲息繁殖。

屋內屋外的老鼠

一些有天花板的舊式建築物，常

巢鼠築巢的材料直接取材自周圍的草莖、草葉，不同於鳥類常自它處銜來。

鬼鼠會利用草叢做出通道。

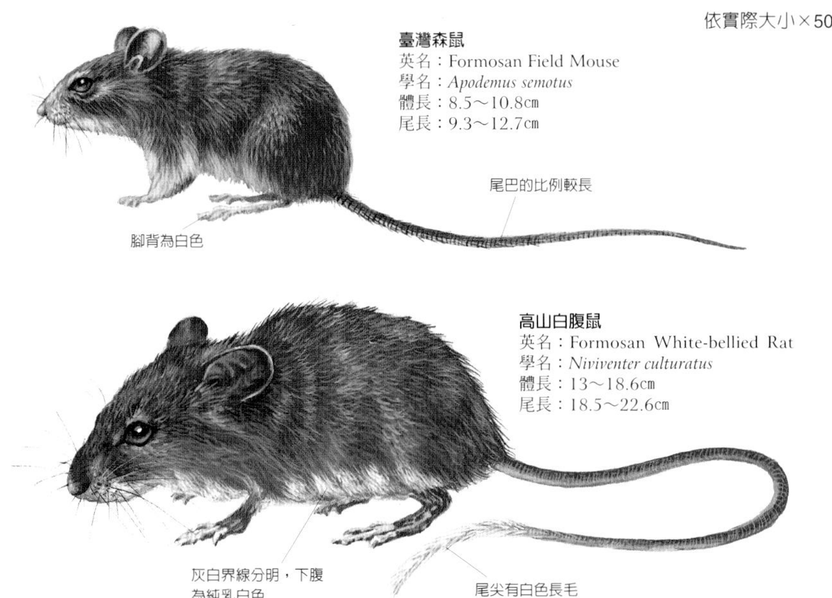

在夜間聽到老鼠在上面奔跑的聲音，一會兒從這頭到那頭，一會兒又從那頭到這頭，有時因求偶或爭奪地盤還會互相撕咬，發出吱吱的尖叫聲。這種的情境是很多農村、眷村子弟非常熟悉的童年記憶。到底這是那一種鼠類的行爲呢？這是玄鼠和家鼷鼠的傑作。牠們通常在夜間活動，而在秋季的白天也會活動。銳利的牙齒甚至將天花板、牆角咬穿一個洞做爲通路，雖然有時明知屋內有人，但仍躡手躡腳的從腳邊跑過，不是讓人氣結就是引起尖叫。

另外還有一種老鼠常在溝中鑽來鑽去，並且大模大樣地跑過街道、餐廳、市場的下水道或是家禽家畜的欄舍，這乃是溝鼠的行徑。其實水溝和下水道是牠們四通八達的隧道網路，只有碰到沒有地下道可走的時候，才會走上街頭。

台灣森鼠與高山白腹鼠

許多登山客都有被鼠類搶劫的經驗，看牠們大膽地鑽進背包翻找，當著你的面把香腸叼走，眞讓人又氣又好笑。入夜後山上的工寮、獵寮、登山小屋甚或是營帳，就成了台灣森鼠、高山白腹鼠的天下，牠們到處奔跑翻找，只要有食物的味道絕不放過。此外，牠們攀爬與跳躍的能力也是一流。

黑腹絨鼠
英名：Formosan Black-bellied Vole
學名：*Eothenomys melanogaster*
體長：7.4～10.3cm
尾長：2.8～3.7cm

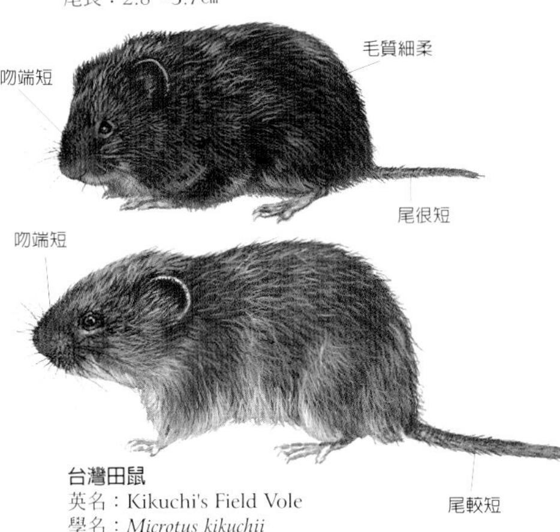

台灣田鼠
英名：Kikuchi's Field Vole
學名：*Microtus kikuchii*
體長：10～12.7cm
尾長：6.6～9.6cm

一般鼠類身上的毛以背部較粗剛，顏色深而有光澤，腹部毛色淺而柔軟。但刺鼠身上除了普通的毛之外，還夾雜著一種特殊的硬棘毛，摸起來眞的有點像刺。雖然牠的腹部也是乳白色，和高山白腹鼠有些類似，但從背上的刺毛則不難分辨。

可愛的高山鼠類

倉鼠科的黃金鼠(*Hamster*)是可愛的寵物，大家對牠都不陌生，圓胖的身軀、短短的尾巴、會藏食物的頰囊、晝伏夜出的習性，爲許多飼養者所津津樂道。台灣也有兩種原本屬於倉鼠科但現在回歸爲鼠科的鼠類，一種是台灣田鼠，另一種是天鵝絨鼠，牠們可愛的模樣不輸黃金鼠，生活的地區都在高海拔山區，常在森林邊緣底層或箭竹草原中活動，日夜活動頻繁。

生態系中重要的一環

在生態系中鼠類是非常重要的關鍵物種，由於以牠們爲食的動物包括了日行性和夜行性的猛禽、蛇、

刺鼠的毛中夾雜著粗硬的剛毛。

頭骨特徵

鼠類頭骨是囓齒類中最狹窄的，下顎有不斷生長的門齒，齒根在臼齒的後方，沒有眶上突。

（刺鼠）

鬼鼠的頭骨是台灣鼠類中最大的，吻端也較短。

（鬼鼠）

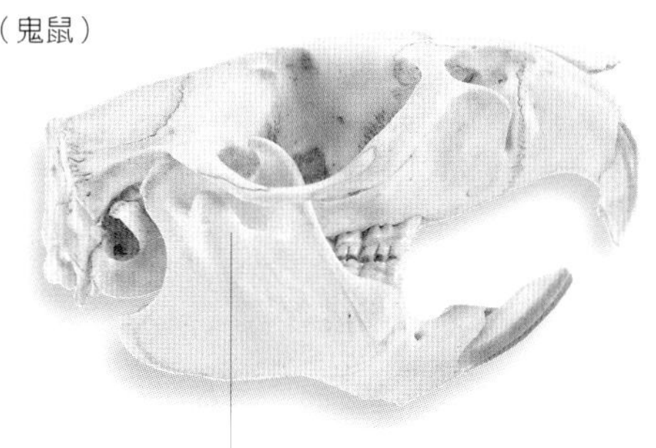

食肉目的哺乳動物等，鼠類數量的多少便直接影響了掠食者的存在或滅亡。所以當我們關心一些肉食動物的生存危機時，不能只希望我們所關心的物種增加，同時也要知道那些可供牠們食物的鼠類族群是否穩定，而這將是決定性的因素。

野外觀察

【路徑】鼠類經常往返的草地可以看出有明顯的路徑在草間形成隧道，部分的草會因而枯黃，草地的邊緣還可以看出有圓形的孔道。

【巢穴】在平地土洞中營巢時，鬼鼠、溝鼠等會將土撥出洞外形成土堆，洞口也相當明顯，洞外還常有糞便。住家的牆角也可能見到玄鼠、家鼷鼠啃開的洞口。巢鼠、田鼷鼠在草上編織的巢，是許多藝術家筆下描繪的對象，牠們用門牙把草葉撕成長條狀，再用前掌幫忙捲繞穿插，巢鼠只要5至10個小時就可完成一個巢。

【啃痕】家居型的鼠類常在啃咬人類的食物時留下明顯的啃痕。

【食餘】鼠類吃東西常是零零碎碎地掉落一地，所以看到沒吃乾淨的東西再加上啃痕，不難看出是誰幹的好事。部份的鼠類有貯食行爲，但在貯存之前仍會啃咬一番，所以在貯藏處可以看到被啃過但沒吃完的食物。

溝鼠啃食招潮蟹的食餘常集中在一較高的土丘上。

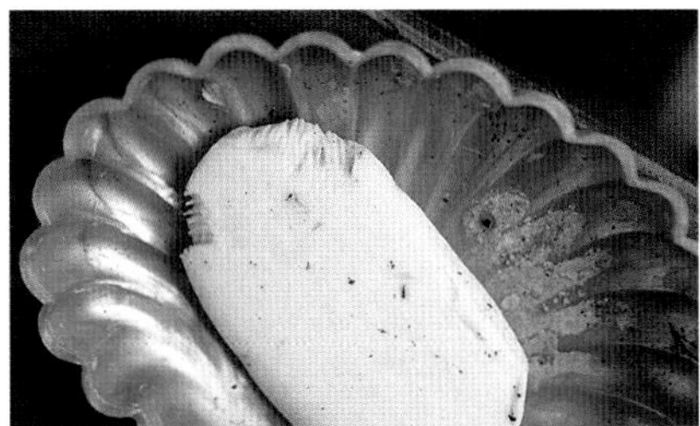
鼠類在香皂上留下的牙痕。

【排遺】鼠類的糞便形態都很類似，長橢圓形，一頭鈍一頭尖，只是大小長短不同，顏色也依取食的東西不同而差異甚大，從淺褐色到綠色、暗褐色、黑色都有。其中鬼鼠的糞便最大，可以長達3公分，直徑1公分，內容物多數是高量的植物纖維。

各種蹤跡出現的狀況

目擊	叫聲	食痕	足跡	路徑	啃抓	摩擦	巢穴	排遺	食餘
●●	●	●●●	●●●	●●●	●●●		●●	●●●	●●●

•很難發現　••偶爾發現　•••經常發現

在濕地上出現一條溝鼠往返頻繁的通道。

溝鼠的排遺為長橢圓形，排放的地點並不固定。

足跡與步態

鼠類是半蹠行性的動物，不論是跳躍或慢步行走，通常都會踮著腳，腳跟並不著地。前腳可見四趾印，後腳為五趾印，中央三趾向前，兩側趾向左右張開的角度較大。只有靠近水邊活動時會留下腳印在濕泥地上，而活動於森林底層和草原時則難留下足跡。偶爾在雪地也會發現高山田鼠的腳印。

留在濕地上的溝鼠腳印。

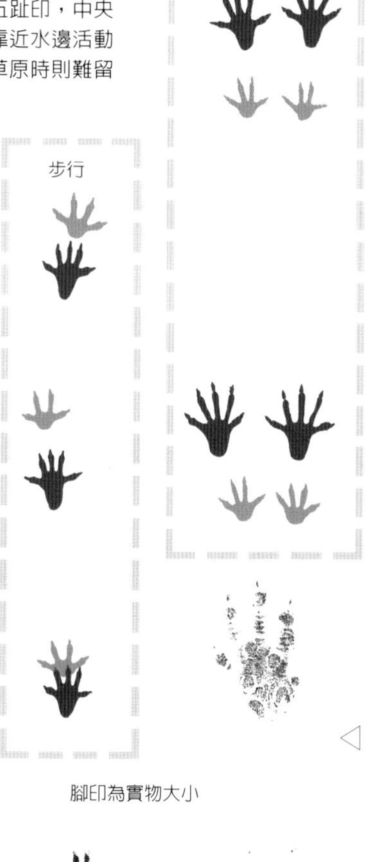

腳印為實物大小

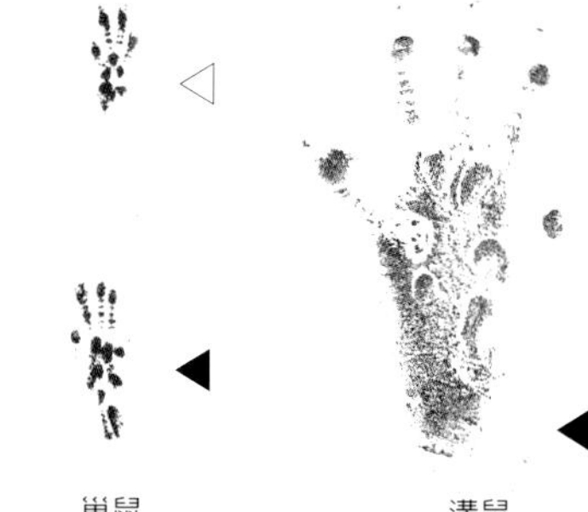

台灣鼴鼠

台灣鼴鼠・鹿野氏鼴鼠

縱橫地下的隧道挖土機

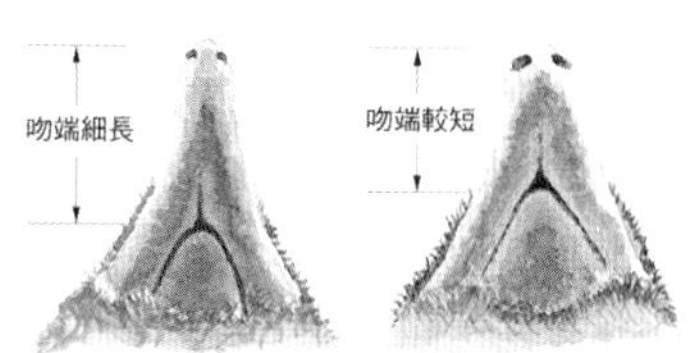

從外觀上看兩種鼴鼠非常相似，只是台灣鼴鼠（右圖）的吻端較短，而鹿野氏鼴鼠（左圖）的吻端細長，是兩者可分辨的特徵。

鼴鼠的名稱中有「鼠」字，又會鑽入土中，故常被誤認為鼠類或是土撥鼠，其實牠不是嚙齒類，而與鼩鼱同為「食蟲目」的動物。

鼴鼠全身披著灰黑色柔軟的短

食蟲目動物簡介

食蟲目動物都是小型的哺乳類，外型與嚙齒目的鼠類相似，尖嘴短腿，尾巴有長有短，甚至連中文的名字裡也有個「鼠」字，像「鼴鼠」、「錢鼠」，因此，一般人尤其容易誤會牠們是老鼠家族的成員。其實不然，在分類上食蟲目與嚙齒目最主要的不同在於牙齒，門齒不會不斷地生長。會在土中鑽地道的鼴鼠和棲息於家居環境的錢鼠是這一目的代表。食蟲目在台灣共有鼴鼠科2種和尖鼠科8種。

鼴鼠科

台灣鼴鼠、鹿野氏鼴鼠

尖鼠科

台灣短尾鼩、水鼩、台灣灰麝鼩、長尾麝鼩、荷氏小麝鼩、台灣煙尖鼠、細尾長尾鼩、臭鼩

台灣鼴鼠
特有亞種
食蟲目／鼴鼠科
英名：Formosan Blind Mole
學名：***Mogera insularis***
別名：穿地鼠
體長：11.2～13.4cm
尾長：0.65～1.15cm
分佈：台北市信義區、彰化漢寶和屏東內埔鄉等低海拔地區。

鹿野氏鼴鼠
特有亞種
食蟲目／鼴鼠科
英名：Formosan Blind Mole
學名：***Mogera kanoana***
體長：11.3～13.35cm
尾長：0.85～1.35cm
分佈：花蓮壽豐鄉、屏東滿州鄉等低海拔地區及玉山、阿里山等高海拔山區。

毛，不但保暖性好，也不易被水沾濕。牠的鼻吻端、四肢、尾部毛較稀，可看到皮膚的顏色，眼睛已退化成筆尖般大小，上下眼瞼均不會眨動，眼球直接覆蓋一層薄膜，以適應在地道內隨時有可能砂土落下。此外，外耳殼也已退化無耳孔，但仍保有對震動與聲音良好的感覺。牠的鼻吻部尖長，有極佳的嗅覺，而口部周圍又有觸感靈敏的細毛，能協助探尋食物。

白天牠們潛藏在暗無天日的地下活動，夜間則常出現在茶園、果園、菜圃、草原、竹林或森林底層，只要在那兒待過一夜，就可見新添了許多條鼴鼠鑽動後浮現的淺層地道。但也曾經有人目睹牠們白天衝出地道，在地上奔竄，這種違反常態的行為至今原因不明。

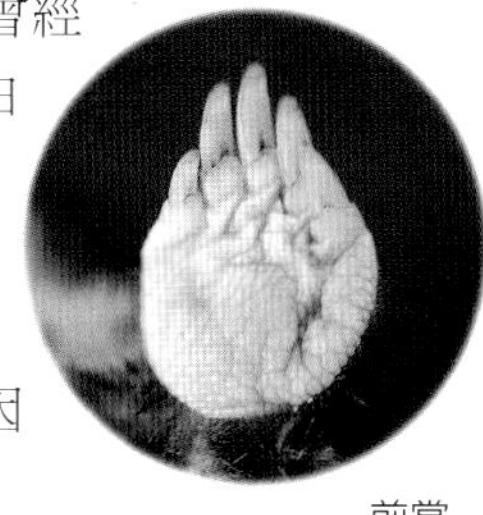
前掌

特化的手掌

鼴鼠的四肢均短而靠近身體，前肢的掌部與趾部合成鏟狀，像人類的手掌般，甚至有明顯的掌紋，五趾的爪強壯而尖長，是有力的挖掘工具，它能將土往兩側撥開，而頭部會配合著往上頂，不斷前進之後，便在表土層行成一條通道。不過後肢並無特化現象，乃擔任促使身體向前的推動力。

複雜的地道

長時間在地下構築成的地道，除地表出現拱起的部份外，在地下其實還有許多孔道是我們在地上觀察不到的。牠們會有一些主要往返的通路，膨大的地方可能是休息的寢室，而每天從固定通路向各方支線擴展以找尋食物。

鼴鼠的地道中有飲水、儲食、生育和排泄的場所。

頭骨特徵

顴骨弓完整，但非常細，這是 鼴鼠與其他尖鼠類頭骨最明顯不同之處。

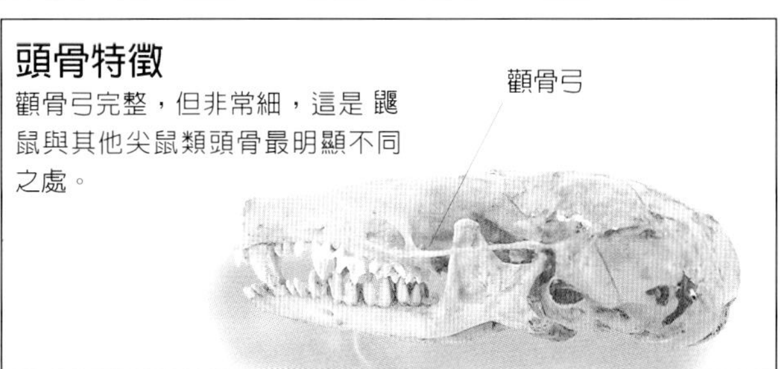

鼴鼠不但可以橫向挖掘地道，甚至可以向上垂直挖掘，並將多餘的土向上頂出。

食物

主要以藏身土中的昆蟲幼蟲爲食，如金龜子、鍬形蟲、蟬的幼蟲，以及蚯蚓和其他一些軟體動物或小型兩生類、爬蟲類也是牠們的食物。鼴鼠吃蚯蚓時常先咬斷一端，再從另一端啃食，邊咬邊將蚯蚓體內的砂土從已咬斷的一端壓出。

各種蹤跡出現的狀況

目擊	叫聲	食痕	足跡	路徑	啃抓	摩擦	巢穴	排遺	食餘
				●●			●		

●很難發現　●●偶爾發現　●●●經常發現

野外觀察

【地道】在棲息地鬆軟潮溼的土表下，鼴鼠用鏟狀外翻的前掌挖出地道，在靠近地表的路徑上會拱起明顯的痕跡。

食物

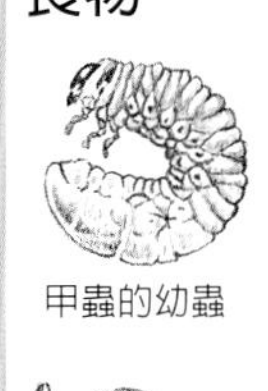

甲蟲的幼蟲

蚯蚓

足跡與步態

腳印為實物大小

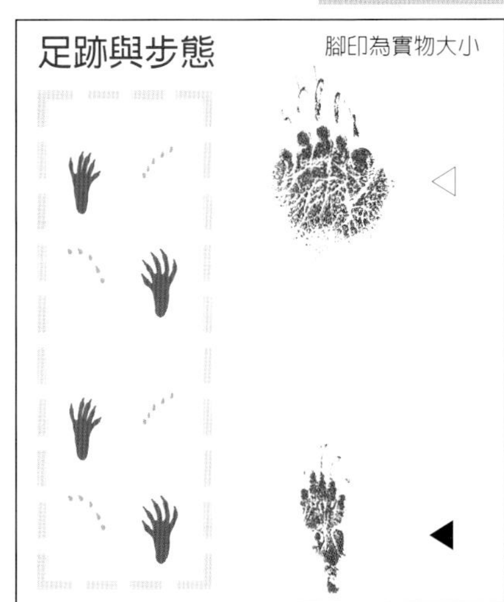

台灣的尖鼠

台灣的尖鼠

易與鼠類混淆的小小哺乳類

台灣食蟲目的哺乳動物中，除了兩種「鼴鼠」之外，就是尖鼠科的動物了，共計8種，近年由方引平教授做了分類的更正，確定了麝鼩屬有三種，其中長尾麝鼩又有台灣、蘭嶼、綠島三個亞種，其他如台灣短尾鼩、水鼩、臭鼩、細尾長尾鼩和台灣煙尖鼠等五屬各只有一種。這類的動物外型嬌小，尖頭小耳，大部分種類又有一條長尾巴，毛色又多爲灰、黑色，與鼠類有些近似，所以又常被誤認爲是「嚙齒目」的鼠類，其實這兩者相差頗大，食蟲目、尖鼠科在分類學上的地位是比較原始的。

平地人最常見的尖鼠是俗稱「錢鼠」的臭鼩，若仔細觀察應可將尖鼠與老鼠清楚區別。尖鼠的牙齒從前到後一顆顆接連排列，都是尖尖的丘齒；行走時鼠類多數以跳躍的方式前進，而鼩鼱則以快步爬行；若發現帶有麝香味形狀似鼠糞的排遺，也一定是家鼩所留下來的。

棲息的環境

尖鼠科的動物多半整天活動，因爲許多種類體型小，需要經常覓食補充能量。但是每一種活動的區域和運用的環境空間並不同。台灣短尾鼩像鼴鼠一樣活動於地下隧道，只是牠們沒有大手掌撥土，只好利用較乾爽的森林底層，在枯枝葉下鑽出許多條通行的管道；水鼩多半在溪邊棲息；臭鼩非常適應人類的環境，都市內也有牠們的存在，常在倉庫、農舍、老舊的平房周圍出沒。其餘的種類大多在地面上活動，有些甚至會在矮灌叢中爬行。

尖鼠的尾巴

台灣短尾鼩、細尾長尾鼩和水鼩的尾上不長剛毛，家鼩和鼩鼱尾上則散生剛毛，這些剛毛應該都有助於對周遭環境的感覺。而水鼩的尾巴下方長有穗狀長毛，可以幫助在潛泳時控制方向。

食物

尖鼠在森林底層地下通道內尋找昆蟲的幼蟲、蚯蚓、蜈蚣、蟻類、蝸牛、蛞蝓等，有時也吃蛙或小蜥蜴；水鼩的食性較不同，牠們在水中可以追捕小魚、小蝦和水生昆蟲；臭鼩則像老鼠一樣會偷吃人類的食物。在許多森林遊樂區，我們

食物

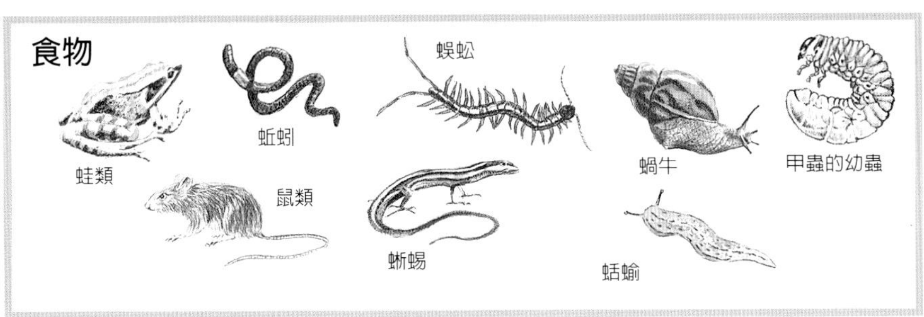

頭骨特徵

尖鼠科動物的頭骨非常薄而且骨縫易破裂，前端大大的門牙是其特徵。

（臭鼩）

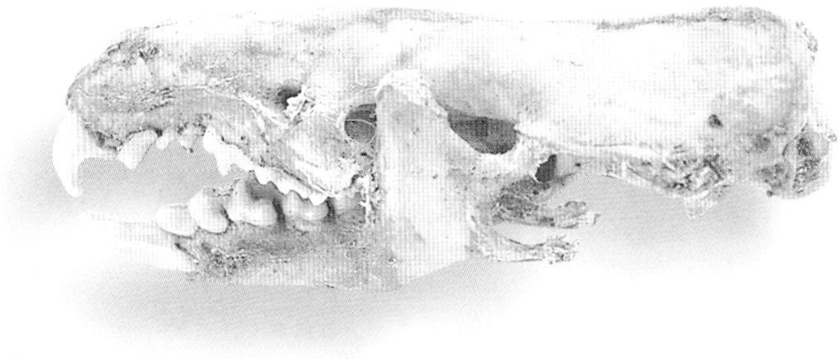

從牙齒尖端的顏色可以分辨尖鼠的種類。

長尾鼩屬的台灣煙尖鼠，上下牙齒尖端都呈紅棕色。

（台灣煙尖鼠）

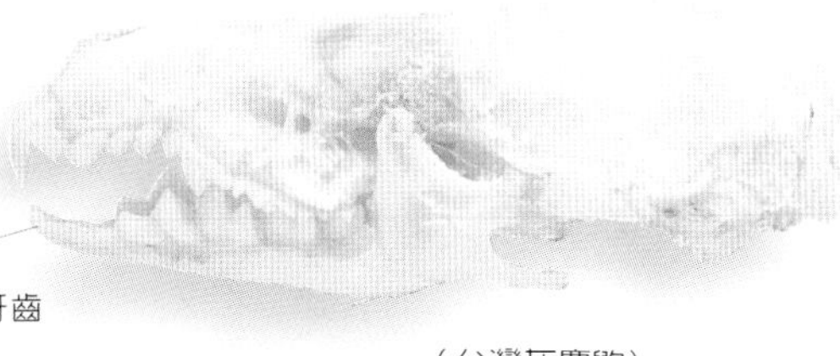

白齒鼩屬的台灣灰麝鼩，牙齒尖端為白色。

（台灣灰麝鼩）

台灣短尾鼩
英名：Taiwanese Mole Shrew
學名：*Anourosorex yamashinai*
體長：8.7～10.8cm
尾長：0.7～1.3cm

臭鼩
英名：House Shrew
學名：*Suncus murinus*
別名：家鼩、錢鼠
體長：11～15cm
尾長：6.5～8.7cm

水鼩
英名：Asiatic Water Shrew
學名：*Chimarrogale himalayica*
體長：10.9～13cm
尾長：8～10.1cm

（新增之保育類動物）

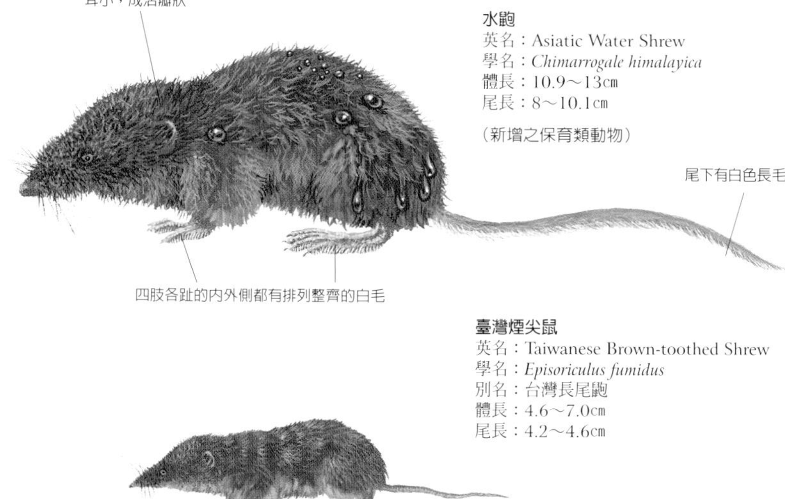

臺灣煙尖鼠
英名：Taiwanese Brown-toothed Shrew
學名：*Episoriculus fumidus*
別名：台灣長尾鼩
體長：4.6～7.0cm
尾長：4.2～4.6cm

臺灣灰麝鼩
英名：Taiwanese Grey Shrew
學名：*Crocidura attenuate tanakae*
體長：6.97 ~ 8.60cm
尾長：4.74 ~ 6.14cm

尾尖無剛毛
尾基部2/3散生剛毛

長尾麝鼩（包括台灣、蘭嶼和綠島三亞種）
英名：Chinese White- toothed Shrew
學名：*Crocidura tadae*
（*C. t. kurodai, C. t. tadae, C. t. lutaoensis*）
台灣亞種體長：5.54～7.33cm
尾長：4.12～5.85cm
蘭嶼亞種較小體長：5.33～6.47cm
尾長：3.42～5.09cm
綠島亞種較大體長：5.67～6.93cm
尾長：4.62～5.70cm

尾尖無剛毛
尾基1/3散生剛毛

荷氏小麝鼩
英名：Asian Lesser Whiteptoothed Shrew
學名：*Crocidura suaveolens hosletti*
體長：5.05～6.88cm
尾長：3.75～4.66cm

細尾長尾鼩
英名：Lesser Taiwanese Shrew
學名：*Chodsigoa sodalis*
體長：6.5～7.1cm
尾長：6.4～7.3cm

＊本次分類修訂採用方引平教授之分類資料＊

發現尖鼠科的動物很喜歡到垃圾桶附近，當然牠們可能不是要吃垃圾，而是爲了周圍大量且容易捕獲的昆蟲。

鼩鼱母子串

鼩鼱屬的動物在幼體離乳前或剛離乳時，若要跟隨母親轉換環境棲身，或學習自行覓食而得跟隨母親外出時，牠們會一隻接一隻地跟得很緊，甚至幼體會用嘴咬住前一隻

尖鼠類動物的幼兒，剛開始尾隨母親外出時，會用嘴銜住前一隻的臀背部，成一排母子串的方式前進。

的尾臀部，連接成一長條鼩鼱串。有時在進行夜間觀察時，會遇到這有趣的一幕。

水鼩入水不濕

水鼩的身上有密毛，前後腳趾內外緣長有梳子狀硬毛，潛入水中時，身體的周圍因密毛的表面有空氣而形成了氣泡包圍身體，水鼩於是可以潛泳，也可以很快地浮出水面，身體只要抖一抖就可以恢復乾爽保溫，一點也不會因潛水而弄濕。

野外觀察

台灣的尖鼠類中以臭鼩被觀察的機會較多，其他種類則不易留下痕跡。

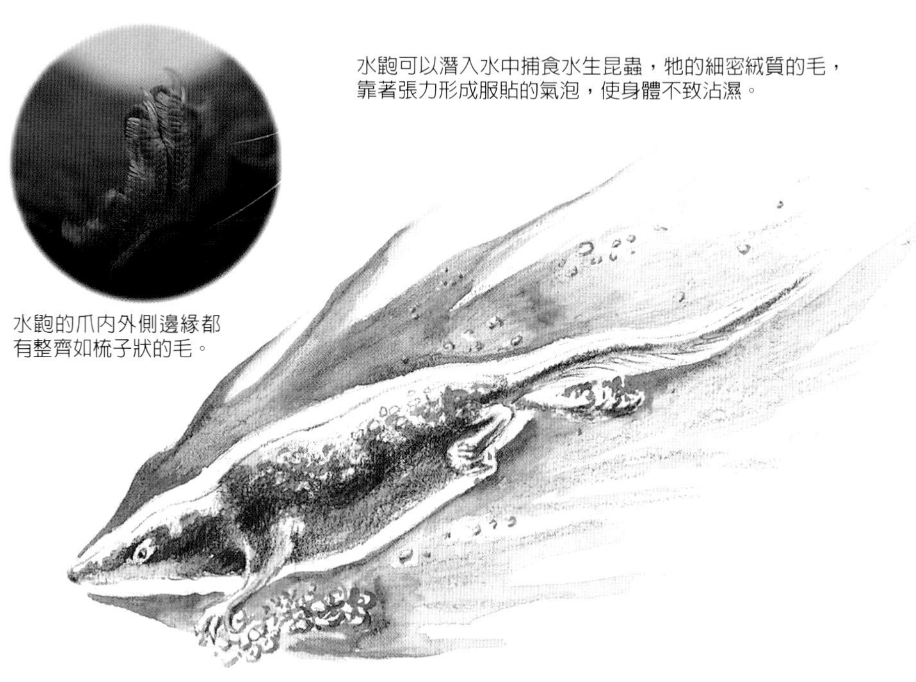

水鼩可以潛入水中捕食水生昆蟲，牠的細密絨質的毛，靠著張力形成服貼的氣泡，使身體不致沾濕。

水鼩的爪內外側邊緣都有整齊如梳子狀的毛。

【排遺】臭鼩的糞便有類似麝香的氣味，循著特殊的氣味往往可以找到牠們常常排便的地方，糞便與鼠糞類似，長橢圓形但較鬆散，色澤灰黑，長度約1.2公分。

【叫聲】臭鼩的叫聲特殊，好像大銅幣掉在地上似的，所以又被稱為「錢鼠」。在森林底層活動的鼩鼱也常邊走邊叫，發出輕細的「唧－唧」聲，在牠們活動的區域內可以聽得到。

臭鼩有固定地方排便的習慣，除了糞粒之外，還可以看到尿液的污漬。

各種蹤跡出現的狀況

目擊	叫聲	食痕	足跡	路徑	啃抓	摩擦	巢穴	排遺	食餘
●●	●●		●					●●	

●很難發現　●●偶爾發現　●●●經常發現

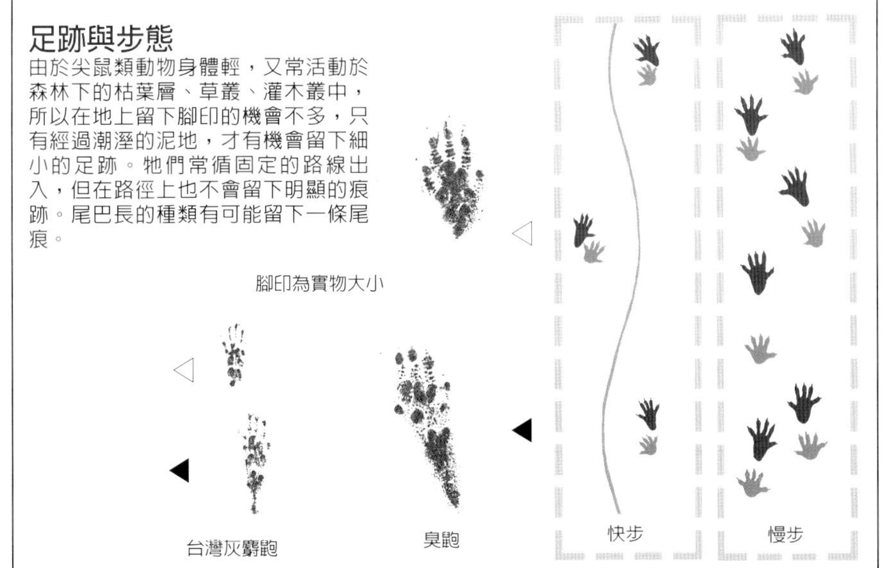

台灣狐蝠

翼手目動物簡介

這一目的動物都會在天空飛翔，一般被統稱為「蝙蝠」，牠們的前後肢之間特化，連接成翼膜，可以像鳥類一樣鼓動雙翼飛行。其中除了吃蜜和果實的狐蝠是用眼睛看東西以外，小翼手亞目的各種蝙蝠都是由口鼻發出超音波，再以耳朵接受其反射波來聽音辨位，是自然的聲納系統。本目是標準夜行性動物，目前台灣已發現有大蝙蝠科的狐蝠1種；蹄鼻蝠科2種（以低海拔洞穴中的小蹄鼻蝠最為常見）；葉鼻蝠科2種（其中台灣葉鼻蝠是大型又分佈廣泛的種類）；蝙蝠科至少有24種（以東亞家蝠為代表）；游離尾蝠科1種。

大蝙蝠科——台灣狐蝠

蹄鼻蝠科——
台灣大蹄鼻蝠、台灣小蹄鼻蝠

蝙蝠科——
寬耳蝠、棕蝠、毛翼大管鼻蝠、黃胸管鼻蝠、姬管鼻蝠、台灣管鼻蝠、金芒管鼻蝠、摺翅蝠、渡瀨氏鼠耳蝠、寬吻鼠耳蝠、台灣鼠耳蝠、高山鼠耳蝠、金黃鼠耳蝠、大足寬吻鼠耳蝠、長尾鼠耳蝠、絨山蝠、東亞家蝠、台灣家蝠、山家蝠、黃頸蝠、台灣彩蝠、台灣長耳蝠、高頭蝠、霜毛蝠

游離尾蝠科——游離尾蝠

臺灣狐蝠　東亞家蝠

台灣狐蝠

吃水果的大型蝙蝠

特有亞種，瀕臨絕種保育類
翼手目／大翼手亞目／大蝙蝠科
英名：Formosan Flying Fox
學名：*Pteropus dasymallus formosus*
別名：果蝠
體長：20cm
分佈：綠島是主要的發現地點，此外蘭嶼、台東、花蓮和宜蘭也有零星記錄，但以現況來說，並沒有固定可以看到的地方，曾出現的地區均為平地，且多半距海岸不遠，但是否均為同一亞種則不能確定，以1995年間在宜蘭頭城海邊防風林內出現的個體來說，很有可能來自鄰近的琉球群島。

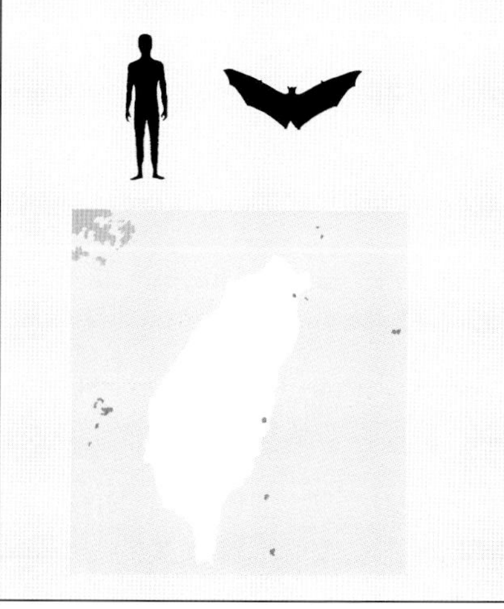

狐蝠的名稱源自牠們的頭部近似狐狸，圖中這隻是東南亞的狐蝠，頭部看起來比台灣的狐蝠更像狐狸。

台灣狐蝠究竟是不是蝙蝠？雖然有些學者指稱狐蝠的血源與其他小型的蝙蝠並不相近，但以其前肢特化成翼膜的型態來說，將牠們通稱爲「蝙蝠」是一般人都可以接受的。台灣狐蝠是台灣唯一的一種大蝙蝠，雙翼張開可達70公分，牠們面貌似狐，與多種果蝠、狐蝠都屬於大翼手亞目大蝙蝠科，無論在體型、食性、眼耳鼻的構造上都和其他小翼手亞目的小蝙蝠類有明顯的差異。

白天狐蝠成群倒懸於樹梢休息，入夜後飛往有果樹之處覓食。晨昏活動頻率高，進食後就地停棲休息消化，之後才於晨間飛返群棲處。台灣狐蝠不冬眠，體溫較恆定。

特化的前肢

狐蝠的前肢特化成翼，但第一、二指仍具有爪，尤其是第一指，指骨長，爪也如腳爪般大；第二指雖小，但已比此部位完全退化的小蝙蝠類多了一些攀附的功能。狐蝠就利用翼與腳的鉤爪，能在覓食的枝梢移動，從這個枝頭到另一個枝頭，倒掛行動從不失足。

不用聲波定位

狐蝠有別於眼睛細小的小蝙蝠

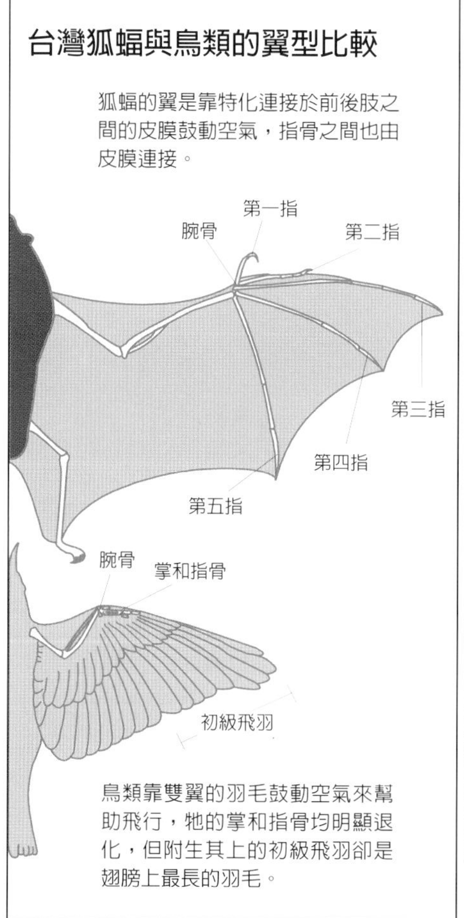

台灣狐蝠的頭部有一圈黃色的毛，好像圍著一條圍巾，這與鄰近國家的狐蝠頗為相似。

類，牠們有一雙明亮的大眼睛，夜視能力良好；耳小沒有耳珠和迎珠，鼻部也沒有特殊的皺摺，牠們根本不像小蝙蝠類用聲波來定出食物及飛行路線的位置。

食性

狐蝠以漿果爲主食，吞嚥果汁後會將殘渣和種子吐出，較軟而甜的果肉則吞下。對於樹上盛開的花朵則會伸出細長的舌頭舔食花蜜。

野外觀察

狐蝠不在地上留腳印，但由於白天牠們不是躲在洞中而是倒吊在樹上，往往可以直接看到。隻數多時非常明顯易見，但成零散的小群落時則容易與枯葉混淆。

【**食餘**】狐蝠進食時習慣吐渣，所以在覓食區的樹下會有食物的殘渣，這是重要的蹤跡。在食物殘渣附近也可以看到排遺。

各種蹤跡出現的狀況

目擊	叫聲	食痕	足跡	路徑	啃抓	摩擦	巢穴	排遺	食餘
●								●	●

●很難發現　●●偶爾發現　●●●經常發現

頭骨特徵

狐蝠的頭骨可看到明顯的眶上突，而臼齒面並無尖突的齒背，均為較平鈍的齒冠，並不適合用來咀嚼昆蟲。從牙齒的構造便可看出牠們與小蝙蝠類不同的食性。

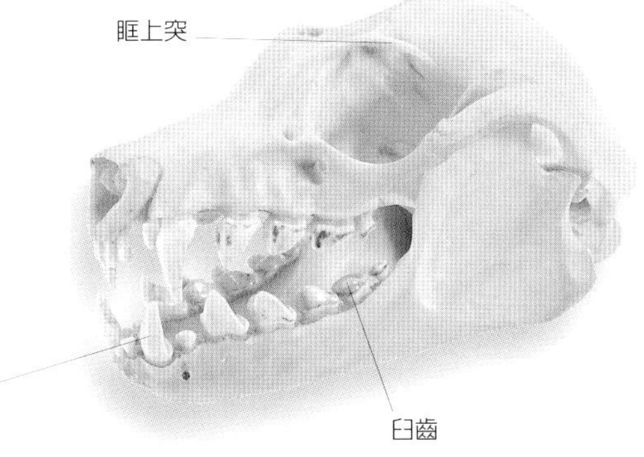

蝙蝠的食性

蟲食性：世界上大部分的蝙蝠都以昆蟲為主食，台灣所有小翼手亞目的蝙蝠也都屬於蟲食性。

果食性：世界各地大翼手亞目的狐蝠幾乎都吃成熟的漿果，狐蝠可以說是典型的果食性。

蜜食性：狐蝠和少數小翼手亞目的小蝙蝠類也會舔食花蜜，牠們同時也替植物傳粉。

肉食性：在中南美洲，少數蝙蝠會捕捉鼠、蛙、魚等小型動物為食。

吸血性：中南美洲特有的吸血蝙蝠，以舔吸家畜及野生動物血液為食，但這些吸血蝙蝠能吸食人類血液的機會並不多。

偉 '98.7.

台灣的小蝙蝠類

台灣的小蝙蝠類

昆蟲剋星的另類哺乳動物

桫欏葉下的渡瀨氏鼠耳蝠。

蝙蝠在台灣俗稱「夜婆」或「蜜婆」。牠們是所有哺乳動物中唯一能眞正飛翔的一群，也是夜間空中最奧秘與神奇的動物。雖然那附在體側的彈性薄膜、某些種類造型奇特的鼻葉與外耳殼，往往給人醜陋怪異的印象，但是牠們所具有的特殊能力，卻是其他哺乳類所望塵莫及的。

蝙蝠屬於翼手目，台灣的蝙蝠除了前章所介紹的台灣狐蝠（大翼手

蝙蝠洞內往往濕度高，氧氣稀薄。

摺翅蝠與其他小蝙蝠類的翼型比較

摺翅蝠第三指的第二節指骨特別長（約為第一節指骨的3倍），使得翼型也因而較為狹長。其他的小蝙蝠類（例如東亞家蝠）為一般的翼型，並沒有特別長的指骨。

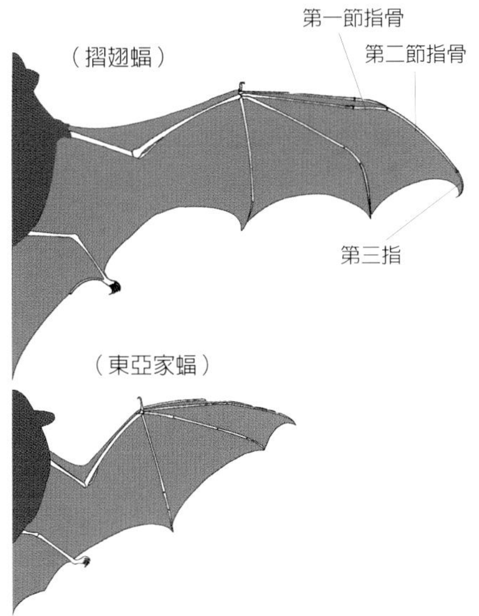

亞目）之外，其餘已知的種類都屬於小翼手亞目，分別是蹄鼻蝠科2種、葉鼻蝠科2種、蝙蝠科24種、游離尾蝠科1種，共29種。目前在台灣幾位動物學者的努力下，仍時有新種的蝙蝠被發現，今後若能有更多的觀察者參與，那麼應該還會有更多新發現的種類。

分佈情況

台灣蝙蝠的分佈非常廣泛，海拔2000公尺以下普遍可見，2000公尺以上的高山地區也有幾種高山蝙蝠。蝙蝠會有明顯的季節性遷移。當寒冷的冬天來臨之前，原本在低海拔洞穴中的蝙蝠多半都遷往他處不見蹤影。牠們的遷移與鳥類不同，鳥類是避開寒冷遷往溫暖的地方，而蝙蝠卻正好相反，牠們很可能往較高海拔寒冷的山區遷移，以便能在恆冷的地方進行冬眠，不過目前尚無廣泛的觀察資料足以證明牠們冬天究竟棲息在何處。

對於環境的選擇，東亞家蝠、高頭蝠、金黃鼠耳蝠和棕蝠較能接受經人類改變後的人爲環境，即使在建築物附近也能安然棲息；而台灣葉鼻蝠、小蹄鼻蝠和摺翅蝠則多半在郊區低開發的環境，通常附近有大片的雜木林或芒草原；其他的蝙蝠則較喜歡在遠離人爲開發的山區。

體型的大小

記錄蝙蝠的資料大部分都有前膊長及頭身長、尾長的測量值，因爲這些測量值較不會有誤差，然而我們在觀察的時候，往往只能看到牠們正鼓翼飛行而非雙翼開展的姿態，對於蝙蝠實際的大小恐怕很難掌握。蝙蝠的體型大致上可以前膊長的五倍來計算雙翼展開的寬度，以下列出幾種常見蝙蝠的翼展長度以供參考。

20公分以內：台灣鼠耳蝠、小蹄鼻蝠、東亞家蝠、無尾葉鼻蝠等。

20至40公分：棕蝠、摺翅蝠、高

台灣大蹄鼻蝠
英名：Formosan Greater Horseshoe Bat
學名：*Rhinolophus formosae*
體長：5cm
尾長：3cm

台灣葉鼻蝠
英名：Formosan Leaf-nosed Bat
學名：*Hipposideros terasensis*
體長：9～10.6cm
尾長：5.5～5.9cm

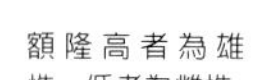

台灣小蹄鼻蝠
英名：Formosan Lesser Horseshoe Bat
學名：*Rhinolophus monoceros*
體長：3.7～4.5cm
尾長：1.5～2.9cm

台灣無尾葉鼻蝠
英名：Chinese Tailless Leaf-nosed Bat
學名：*Coelops frithi formosanus*
體長：3.4cm
尾長：小於0.2cm

尾極短，故股間膜也只有在腿側邊緣

葉鼻的結構（台灣葉鼻蝠）

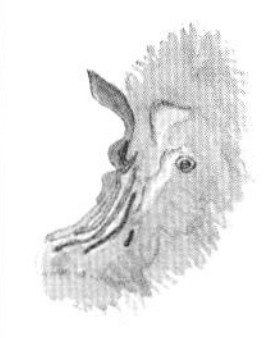
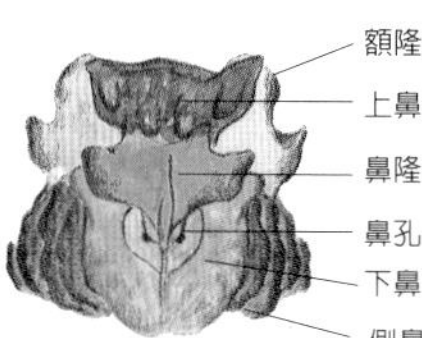

蹄鼻的結構（台灣大蹄鼻蝠）

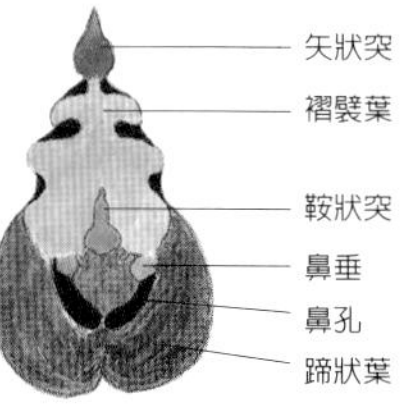

蝠、高頭蝠、台灣大蹄鼻蝠、渡瀨氏鼠耳蝠。

40公分以上：台灣葉鼻蝠。

翼型與飛行的能力有關

蝙蝠的翼型除了像家蝠、小蹄鼻蝠的一般形狀外，還有像鳥類中的雨燕一樣，有加長型雙翼的摺翅蝠，這種狹長的雙翼增加了飛行的能力，飛得較快、也飛得較遠，拍動的次數也可以減少一些，所以摺翅蝠傍晚自巢穴中飛出後，在空曠

的草坡上繞飛，而後向四面八方散開，牠們能到達的覓食區域也又廣又遠，這樣才能使大群群居在一起的繁殖群有足夠的覓食環境；而台灣葉鼻蝠雖然雙翼較大，也有良好的飛行力，但牠們在密林中飛行，飛行的距離無需太遠，常分成數個群體分別住在同一山區大小不同

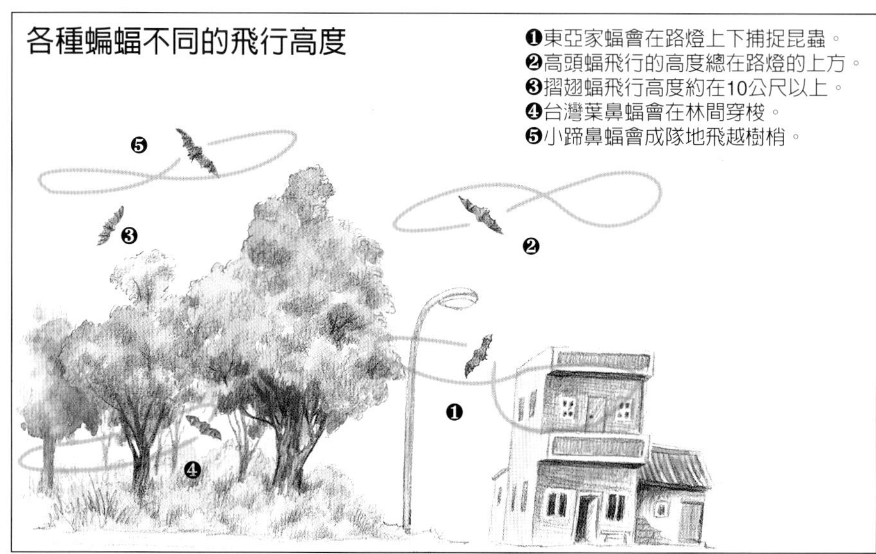

洞中。蝙蝠的翼長、翼展除了與飛行距離有關之外，也和牠們覓食時是否要隨時轉身、變換方向的扭動有關。

不同高度的飛行與覓食

入夜後，家蝠、摺翅蝠與高頭蝠自棲息處飛出，會前往較為空曠的草原、農場、河床上覓食。牠們各有不同的覓食高度，高頭蝠約3至12公尺，摺翅蝠約10至20公尺，霜毛蝠可能飛在20公尺以上。家蝠則常圍繞著路燈覓食，所以覓食高度乃隨著燈桿的高度而不同。另外有些蝙蝠活動於密林中，從巢穴飛出之後，會循著兩側林木間聳直的樹幹所形成的天然隧道飛行，然後漸漸地在整個林區內散開各自覓食。這些蝙蝠飛行的高度也不同，葉鼻蝠、蹄鼻蝠飛行的高度約在高於2公尺的樹冠層間，寬耳蝠和鼠耳蝠約在2公尺左右的高度，而兔耳蝠飛得很低，常在2公尺以下約60公分的高度飛行。這種多層次的空間利用，使得同一個生態環境能容納更多的物種。

特殊的構造

前後肢間可飛行的翼：蝙蝠是唯一可在天空飛行的哺乳動物。鳥類的飛行靠翅膀上的羽毛鼓動空氣飛起，蝙蝠沒有羽毛，靠的是前後肢之間的翼膜，翼膜非常薄但是有很好的彈性及防水透氣性質。撐起這塊好材料的輕巧支架，是前肢的肱骨、前膊骨和掌指骨，下方連在可

絨山蝠
英名：Villus Noctule
學名：*Nyctalus velutinus*
體長：6.92~7.98cm
尾長：4.74~5.29cm

嘴的周圍較裸露無毛

頭部略為高突

高頭蝠
英名：Chestnut Bat
學名：*Scotophilus kuhlii*
體長：5.6～6.8cm
尾長：3.7～5.4cm

東亞家蝠
英名：Japanese House Bat
學名：*Pipistrellus abramus*
體長：4cm
尾長：3～3.6cm

毛細長，尖端銀白色

霜毛蝠
英名：Frosted Bat
學名：*Vespertilio superans*
體長：7cm
尾長：4.1cm

黃頸蝠
英名：Formosan yellow-throated Bat
學名：*Arielulus torquatus*
體長：4.9～5.4cm
尾長：3.5～4.5cm

喉部黃色短毛

前胸部也有一圈黃色長毛

耳朵大，形狀似兔耳

耳珠呈長矛頭狀

臺灣長耳蝠
英名：Formosan Long-eared Bat
學名：*Plecotus taivanus*
體長：3.8～4cm
尾長：4.8～5cm

尾部有一半突出於股間膜

游離尾蝠
英名：Free-tailed Bat
學名：*Tadarida teniotis insignis*
體長：7.4cm
尾長：4.9cm

上嘴唇有明顯的皺摺

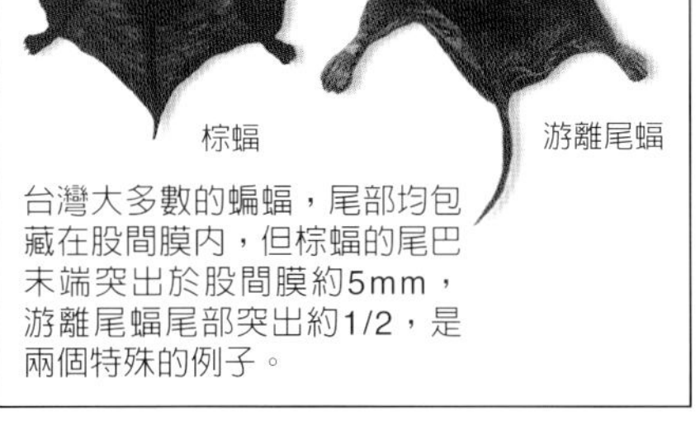

台灣大多數的蝙蝠，尾部均包藏在股間膜内，但棕蝠的尾巴末端突出於股間膜約5mm，游離尾蝠尾部突出約1/2，是兩個特殊的例子。

自大腿關節反轉的後肢踝關節上，大部分的蝙蝠還有兩後肢與尾連成的股間膜，再加上強壯的背肌與胸肌，成爲飛行力量的主要來源。在此要特別提到的是：拍動雙翼劇烈運動所產生的熱，必然要有冷卻系

當蝙蝠飛近昆蟲時會直接用嘴咬住獵物，有些蝙蝠則會用尾膜協助兜住甲蟲再用嘴啃咬。

鉤爪輕鬆地吊在物體上

蝙蝠倒吊時，身體的重量會拉緊趾骨前的筋腱，而使爪尖牢牢鉤住物體，但並不費力。

鉤爪

筋腱

指骨

統，才不致使必須保持恆溫的哺乳動物體溫過高，而蝙蝠的雙翼便擔負起散熱的功能。透過光線我們可以看到翼膜上明顯的血管分枝，多餘的熱就被帶到此處，藉著雙翼揮動時的冷空氣降溫。

可輕鬆吊掛的後腳爪：蝙蝠的後腳爪被兩側的韌帶牽引著，與腳趾成弧形的角度，用這種自然的彎鉤掛在岩壁上是不費力氣的。所以可以只用後腳長時間吊掛也不會累。翼的第一趾鉤爪除了攀抓之外，還可用來理毛，修飾整理自己。

靈敏的聲納系統：所謂的聲納，簡單的說就是發出一些超音波，然後接受它在遠近不同物體上的反射，藉此探知物像與距離的原理。蝙蝠不但可以聽到昆蟲高頻率振翅的聲音，還會自行發出人類聽不到的超音波，其頻率依種類各有不

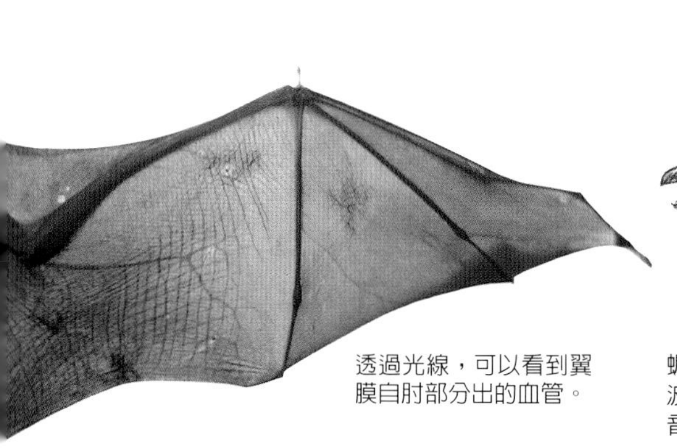

透過光線，可以看到翼膜自肘部分出的血管。

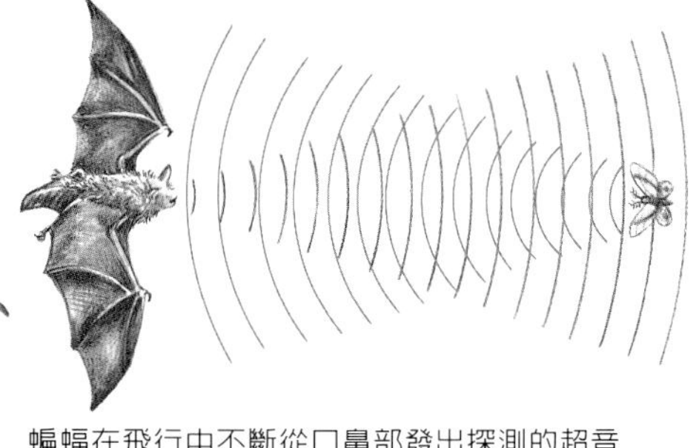

蝙蝠在飛行中不斷從口鼻部發出探測的超音波，並用耳朵接收由昆蟲身上反射回來的超音波，因而測出昆蟲的位置加以攔截捕食。

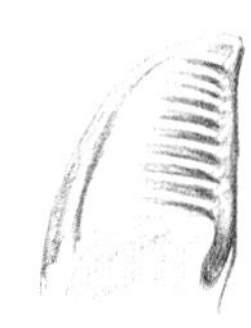

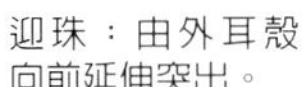
迎珠：由外耳殼向前延伸突出。

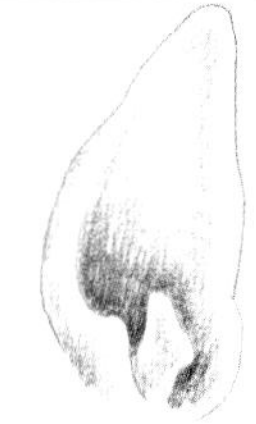
耳珠：從耳孔前方長出，與外耳殼並不連接。

同，牠們就利用這些不同的反射波「聽」出周圍的物體或小蟲的距離，所以在暗夜中也可以安然地飛行及覓食，而不必擔心是否會相撞。

發射超音波的部位包括了口和鼻，尤其是像蹄鼻蝠與葉鼻蝠，突出而多分葉狀的鼻葉正是巧妙的發射器，這一類的蝙蝠特別能在密林中飛行覓食。蝙蝠的耳朵也很特殊，蹄鼻蝠與葉鼻蝠都具有「迎珠」，其他蝙蝠則具有「耳珠」，兩者都是敏銳的音波接受器，而耳朵較大的兔耳蝠和寬耳蝠更有加大型的接收器，所以也比較能在樹木林立的森林下層飛行。沒有鼻葉又沒有大耳朵的蝙蝠，則多半在較空曠的地區活動。

蝙蝠另外還有一項令人驚奇的超能力，那就是群居繁殖的母蝙蝠在外出覓食後，還能準確地在一大片數千隻一樣是無毛、體色粉紅的幼蝠群中，找到自己的寶寶，據推測這種驚人的辨識能力，應該是經由母蝠的叫喚和幼蝠的回應辦到的。

獨居工寮內的大蹄鼻蝠。

蝙蝠習慣倒著看嗎

蝙蝠既然有了良好的聲納系統，眼睛是否就沒什麼作用呢？雖然牠們的眼睛像鼩鼱一般地細小，但對光的反應卻是靈敏的，因為黑夜的來臨並沒有反射的音波，只有眼睛才能清楚知道，當然牠們也可能看得到物象。

雖然蝙蝠常是倒掛著，卻不會因腦充血而昏眩，牠們經常腹面朝向岩壁，當有物體接近時，便會仰頭偵測，這麼一來頭又回復到上下沒有顛倒的正視狀況，就像一般的哺

黃胸管鼻蝠
學名：*Murina lucogaster bicolor*
體長：4.85cm
前臂長：3.7 ~ 4.2 cm
體重：6.2 ~ 8.6 g

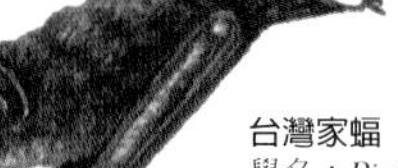

台灣家蝠
學名：*Pipistrellus taiwanensis*
體長：4.13~5.08cm
前臂長：3.11~3.62cm
尾長：3.26~4.02cm

山家蝠
學名：*Pipistrellus mountainous*
體長：4.17~5.07cm
前臂長：3.28~3.57cm
尾長：3.0~4.14 cm

姬管鼻蝠
學名：*Murina gracilis*
體長：3.20~4.35cm
前臂長：28.0 ~ 31.3 mm
體重：3.2 ~ 4.0 g

彩蝠
學名：*Kerivoula* sp.
體長：3.84~4.93cm
前臂長：3.23~3.61 cm
尾長：3.92~4.61cm

大足寬吻鼠耳蝠
學名：*Myotis* sp.2
體長：4cm
前臂長：3.30~ 3.65cm
尾長：3.20~3.65cm

金黃鼠耳蝠
學名：*Myotis flavus*
體長：6 ~ 8 cm
前臂長：4.6 ~ 5.3cm
尾長：4.4 ~ 6 cm

長尾鼠耳蝠
學名：*Myotis* sp.3
體長：4.1 cm
前臂長：3.9 ~ 4.2cm
尾長：5cm

老式的農舍有利於蝙蝠的棲息

1→屋簷邊緣的瓦片下是東亞家蝠主要的棲息處。
2→東亞家蝠也可以藏身在冷氣機下。
3→棕蝠可以躲在屋簷下的角落。
4→小蹄鼻蝠會以燈座為晚上臨時休息的地方。
5→金黃鼠耳蝠會以屋樑為群集繁殖的場所。
6→棕蝠會躲入中空的樹洞。
7→棕蝠也會棲身在柴堆的縫隙之中。
8→台灣大蹄鼻蝠會獨居在貯藏室中。

乳類一樣，看東西都是正的了。

蝙蝠藏身何處

蝙蝠是標準的夜行性動物，白天會選擇隱蔽處休息，大部分都以倒掛懸吊的方式停棲，但東亞家蝠和寬吻鼠耳蝠則在縫隙中伏臥著。蝙蝠會利用的場所包括下列幾種。

房舍：最理想的是舊有的農家木造平房、農林工作站或是廟宇。東亞家蝠和寬吻鼠耳蝠會擠身藏在屋簷下的縫隙中，金黃鼠耳蝠會吊掛在房樑下。

岩洞：無論是山區的土石岩洞或是海邊的珊瑚礁岩洞，都是群居性蝙蝠喜歡的棲息場所，牠們全體以吊掛方式停棲。大蹄鼻蝠、小蹄鼻蝠、台灣葉鼻蝠、無尾葉鼻蝠、摺翅蝠和台灣鼠耳蝠都是岩洞中的常客。

碉堡、防空洞、大涵管、舊隧道和廢礦坑：這些人工的設施往往在廢棄後成了蝙蝠可以利用的好場所，棲息的種類與選擇岩洞的蝙蝠幾乎一樣。

棕櫚樹上：枯萎的葉柄叢中常會有高頭蝠或棕蝠停棲。

樹洞、枯萎的香蕉葉、有裂縫的竹節：對於許多單獨棲息的蝙蝠，目前還不清楚牠們停棲何處，牠們

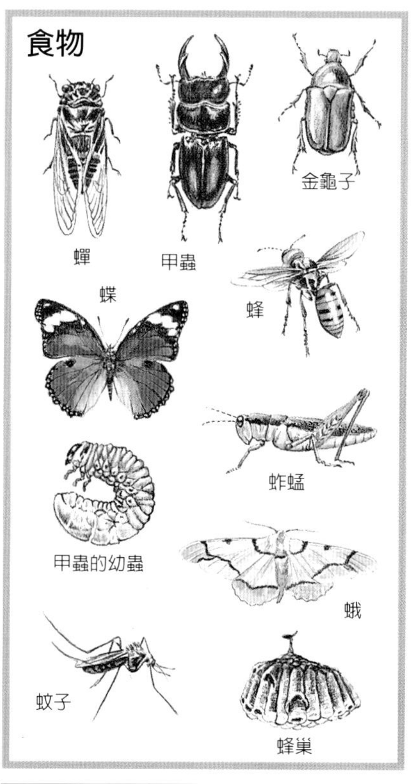

可能棲息在山林中的任何縫隙，棕蝠就是可能利用樹洞獨居的一種，我們也曾看到渡瀨氏鼠耳蝠、大蹄鼻蝠孤零零地吊掛在蕨葉下。這類蝙蝠到底棲身何處，仍需要更多的觀察者提供資訊。

燕巢：有些觀察指出高頭蝠與棕蝠還會利用橋樑下小雨燕的巢。有時小雨燕並沒有完全棄巢，這兩者竟可共用同一個巢，於是傳說白天小雨燕出去活動，蝙蝠來睡覺，而晚上蝙蝠外出活動，小雨燕正好回巢。不論眞實性如何，巢是小雨燕築的，蝙蝠只是撿現成的罷了。

食物

昆蟲是台灣小蝙蝠類的主要食物，台灣的蝙蝠沒有任何一種會吸

掛蝙蝠屋

對其他野生哺乳動物，並不適合做任何的人為設施來改變牠們的生活條件，但對東亞家蝠而言，若能像提供鳥類巢箱一樣，在已無縫隙可供容身的建築物外掛些牠們可以棲居的「蝙蝠屋」，以吸引東亞家蝠前來定居，不僅能就近觀察，對蚊蟲的防治將有驚人的效率，因為一隻蝙蝠每晚吃掉的蚊子可能從百餘隻到數百隻不等，牠們和燕子、蜘蛛、壁虎、蟾蜍一樣，都是自然界中可以控制蚊蟲數量的要角。

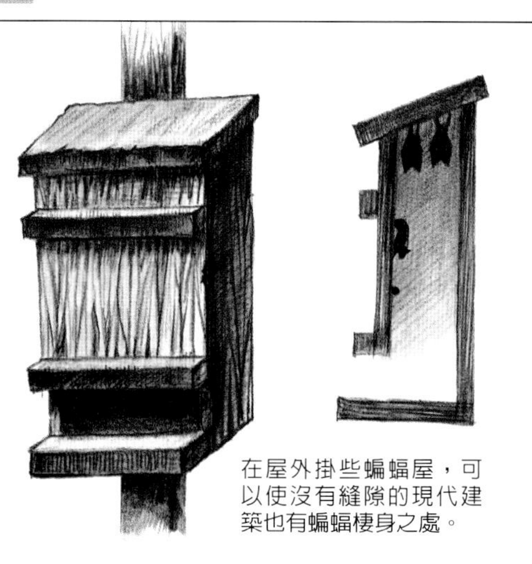

在屋外掛些蝙蝠屋，可以使沒有縫隙的現代建築也有蝙蝠棲身之處。

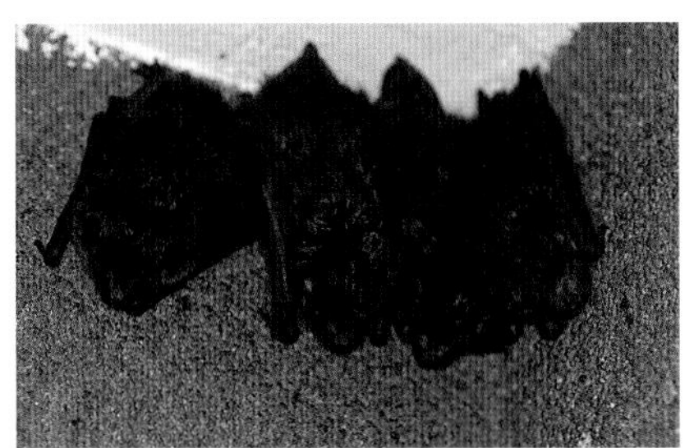
山區住宅的牆角成了棕蝠晚上的臨時棲所。

血，舉凡蝶、蛾、蚊、蚋、蜉蝣、白蟻和小甲蟲都是牠們的食物。但因爲各種蝙蝠的牙齒及獵捕技巧的不同，對於昆蟲的利用也有些差別。例如台灣鼠耳蝠和小蹄鼻蝠主要以鱗翅目的蛾爲食，但只吃腹部不吃滿是鱗粉的翅；家蝠、摺翅蝠則以蚊蚋、蜉蝣和白蟻爲食；葉鼻蝠牙齒尖利，以甲蟲和蟬爲食，這一類的食物可能因爲體型較大，不是一口可以吞下的，所以葉鼻蝠常會帶回洞穴內再啃食，吃剩的甲殼常掉落地面和糞便攙雜在一起。

蝙蝠捕食小型的昆蟲可以直接用口咬住，但對於較大的蟬或甲蟲，則是用股間膜兜住再用口咬。喝水時大部分是用口輕輕的接觸水面，很優雅地沾一口，根據資料描述，有些蝙蝠會用股間膜杓起一些水，再於空中彎身飲用。

野外觀察

台灣有許多洞穴被稱爲「蝙蝠洞」，但是一旦成爲觀光旅遊者常進

台灣葉鼻蝠會利用空屋棲息。

入的地方之後，就不再有蝙蝠了。也有些人傳說，在日據時代有人爲了躲避轟炸而誤入蝙蝠洞，但卻因而喪命的。總之，最好能盡量不打擾洞中的蝙蝠，因爲在洞穴中的牠們不是正在繁殖就是冬眠，都是非常脆弱，不堪人類的驚擾；再者洞內的溫度、濕度都高，還有濃濃的阿摩尼亞味，稀薄的氧氣可能使人很快就昏厥，所以爲了蝙蝠也爲了自身的安全，實在不應貿然探洞。

【洞外的觀察】黃昏時可以觀察蝙蝠傾巢而出的壯觀景象，其中以摺翅蝠最讓人感到震撼。夏天裡只

葉鼻蝠科的頭骨特徵

鼻部有複雜鼻葉，鼻骨幾乎退化，鼻部全部是鼻葉生長的部位。

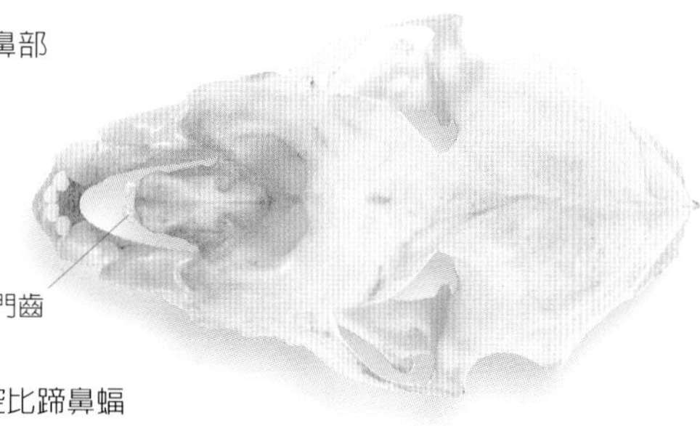

（台灣葉鼻蝠）

蝙蝠科的頭骨特徵

上顎和鼻骨的中央有缺刻，但鼻腔比蹄鼻蝠和葉鼻蝠完整。

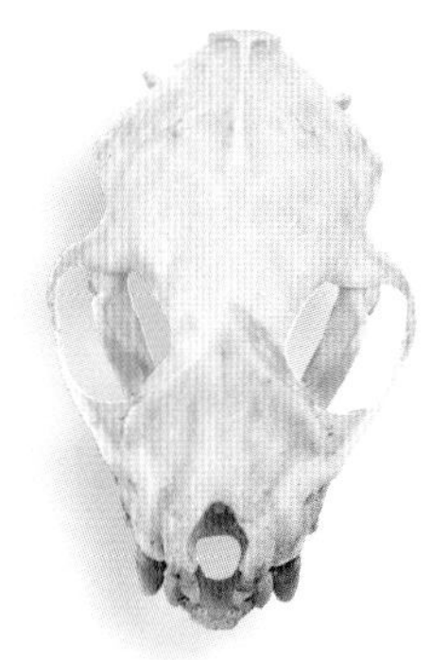

（棕蝠）

蹄鼻蝠科的頭骨特徵

上顎門齒只有兩顆，極為細小，附在如鏟狀的游離上顎片前端。

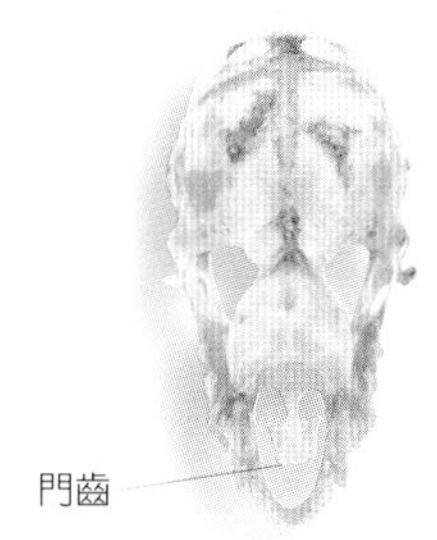

（小蹄鼻蝠）

要在摺翅蝠繁殖的洞外，站在有些距離的地方駐足，靜靜地等待，當天色昏暗日暮低垂的時候，原本寧靜的洞內會散發出一些特殊刺鼻的氣味，並傳出鼓動雙翼的聲音，不久之後就會看到零星的個體先行衝出，接著源源不斷的摺翅蝠蜂擁而來，衝向頭頂蒼穹暗夜的舞台，在天空盤旋，然後遠去。這種景象並非發生在所有穴居性蝙蝠身上，以台灣葉鼻蝠來說，牠們出洞之後並不飛向天際，而是在密林中的森林隧道間飛行覓食，便不容易看到如摺翅蝠這般壯觀的氣勢。

【開闊地的觀察】許多農耕地、河岸甚至都市的公園，傍晚都可以看到東亞家蝠在那兒揮動著短小的雙翼，來回尋找覓食。路燈能吸引小蟲聚集，牠們就在燈上燈下打轉，有時還會叫出人類可以聽得到的聲音。除了鼠類之外，東亞家蝠可以說是最容易觀察的台灣野生哺

在蝙蝠夜晚的臨時棲所，可以找到金龜子、蝶、蛾、蜂和蜂蛹等食餘。

摺翅蝠繁殖的洞穴。

乳動物。

【**排遺**】住在洞穴內的蝙蝠會將糞便排在洞內，形成厚厚的糞便層，裡頭包含了昆蟲的殘渣和啃食後掉落的昆蟲甲殼，有時在光照之下還會閃閃發亮，一直延伸到洞口都可以看到，所以當在洞口看到這樣的蹤跡，表示洞內可能正有蝙蝠居住，小心別打擾了牠們。此外，在老舊的平房外屋簷下方，若看到有長約0.5公分至1公分不等的長橢圓形糞便，表示有可能東亞家蝠就住在此；在棕櫚樹下若有難聞腥臭的糞便，那可能是高頭蝠住在枯葉下。另外，蝙蝠往往會在上半夜覓食之後，就近找一處暫時休息的地方停棲，待下半夜再繼續覓食，停棲之處包括山屋、山林中的工作站、小廟等。屋內我們會發現凡是樑柱有可以吊掛的位置，該處下方的地面上就有一堆糞便或甲殼和蝶蛾翅膀。特別是屋頂的燈座，那兒幾乎是蝙蝠的最愛，像大、小蹄鼻蝠都偏好停棲在此處。

葉鼻蝠寶寶也吸奶嘴

在雌葉鼻蝠與蹄鼻蝠的下腹部兩側，各長有一顆小小的假乳頭，母親在哺育幼兒的時期雖然也是倒吊著，但幼蝠則用嘴含著假乳頭，以頭上尾下的姿勢伏臥在母親的腹部，這個像奶嘴一樣的構造，成了協助母親攜帶幼蝠的工具。

【**使用蝙蝠偵測器**】夜裡我們通常看不到從頭頂掠過的蝙蝠，更不知道牠們在樹林中的活動是這麼頻繁，然而蝙蝠偵測器可以將超音波轉換成人類可以聽到的聲波，當牠們飛過時，便可聽到「嗒－嗒－」的聲音，覓食時聲音更加急促。有了這樣的儀器協助，往往使我們對黑夜中的生命有更多的了解。

各種蹤跡出現的狀況

目擊	叫聲	食痕	足跡	路徑	啃抓	摩擦	巢穴	排遺	食餘
●●●							●●	●●●	●●●

●很難發現　●●偶爾發現　●●●經常發現

蝙蝠的洞穴內，地面積存的排遺可能深達好幾公分。圖中的排遺已達8.5公分厚。

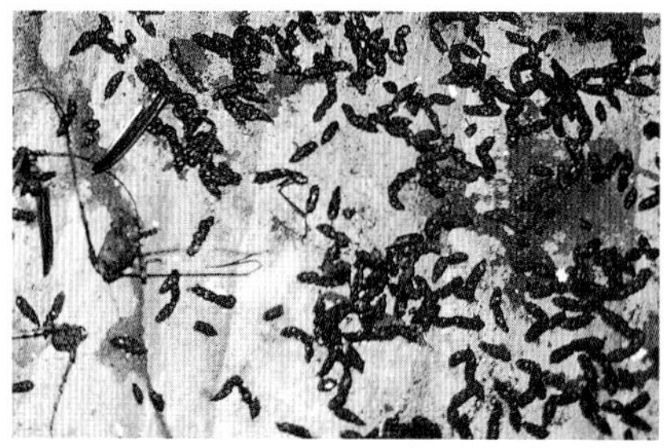

在山區涼亭的桌上也發現了不少蝙蝠的排遺。

在路燈周圍捕食的蝙蝠也會排便落在燈下。

觀察蝙蝠的最佳時節

台灣的蝙蝠大部分都有明顯的季節性遷移，甚至有冬眠的行為，牠們在冬季往往從繁殖的洞穴、房舍中消失得無影無蹤，到底去向何方？至今仍是個謎。以東北角海岸的摺翅蝠來說，大約在每年五月初開始回到洞中繁殖，到了七、八月間，當年出生的幼蝠也開始自己飛行覓食，一時數量會明顯地增多，到了九月則漸漸離開不知去向。在平地活動的東亞家蝠，是全年都看得到的種類，不過在秋季也有明顯增多的傾向，這是新生個體加入了，還是生活在較高海拔的個體遷降下來呢？目前尚未確知。

附錄❶

台灣哺乳動物野外觀察概況

＋可能存在，但很難觀察
＊常見動物留下的痕跡
★有機會目睹動物出現

	插天山保留區	出雲山保護區	玉里動保護區	翠峰湖保護區	霧頭山保護區	雪山大霸尖山地區	太魯閣國家公園	墾丁國家公園	陽明山國家公園	金門國家公園	玉山國家公園楠梓仙溪	玉山國家公園瓦拉米	玉山國家公園關山地區	大武山	小鬼湖	知本溫泉至小鬼湖	金崙溪	哈盆	大竹溪	柴瓜蘭	檜谷至北大武山	大漢山	烏山	大南溪	延平林道
台灣鼴鼠	＊		＊		＊	＊	＊		＊			＊	＋					＊						＊	
台灣短尾鼩	＋					＋	＋																		
水鼩						＋																			
台灣煙尖鼠			＋	＋	＋		＋						＋												
臭鼩							＊			＊															
台灣獼猴	★	★	★	★	★	★	★	★	★		★	★	★	★	★	★	★	★	★	★	★	★	★	★	★
台灣野兔		＋				＊	＋	★	＋		＊		＊	＋	＋						★			＋	
赤腹松鼠	★	★	★		★	★	★		★		★	★		★	★	★	★	★	★	★		★	★	★	★
長吻松鼠	★				＋	★	★				★												★		
條紋松鼠	★	★	★	★	★	★	★				★		★		★						★	★			★
小鼯鼠					★	★	＋						＋	＋			＋						＋		
大赤鼯鼠	★	★		★	★	★					★		★	★	★	★	★	★	★	★		★	★	★	★
白面鼯鼠	★	★	★	★	★	★	★				★		★	★	★	★	★	★	★	★	★	★	★	★	
高山白腹鼠	★		★	★	★	★	★						★	★						★			★		★
刺鼠		＋			★	★	＋		＋								★	★	★					＋	
小黃腹鼠							＋																		
台灣森鼠	★		★	★	★	★	★						★							＋			＋		★
家鼷鼠										＊															
田鼷鼠							★		＋	＊															
鬼鼠									＊	＊														＊	
巢鼠							＋		＋				＋												
天鵝絨鼠	＋				＋	＋	＋																		＋
台灣田鼠						＋	＋																		
台灣黑熊	＊	＋		＋	＋	＋	＋				＋	＊	＋	＊	＊			＋	＋				＊		
黃喉貂					＋	＋					＋	＋			＋										
黃鼠狼	★	＊	★	＊	＋	★	★		＋		★	★	＊	＋	＋	＊			＋	★	★	★	＊	＊	＊
鼬獾	＊	＊	＊	＊	＋	＊	＊	★	＊		＊	＊	＊	＊	＋	＊	＊	＊	★	＋	＊	＊		＋	
水獺										＊				＋											
麝香貓			＊					＊	＋					＊				＊							
白鼻心	★	＋	＊	＊	＋	＊	＊	★	＊		＊	＊		＊	＊		＊	＊	＊	★		★			
食蟹獴	★	★		★	★	＊	＊	★				★		★		＊	＊	★		＋		＊	＊	＊	
石虎	＋				＋	＋		＋						＋	＋		＋	＋	★						
雲豹			＋								＋			＋											
穿山甲	＊	＋			＋	＊	＊	＊					＊	＊			＋	★	＊			★			
台灣野豬	＊	＊	＊	＊	＊	＊	＊	＊	＊		＊	＊	＊	＊	＊	＊	＊	＊	＊	＊	＊	＊	＊	＊	＊
山羌	＊	＊	＊	＊	＊	＊	＊	＊	＋		★	★	＊	＊	＊	＊	＊	★	＊	＊	＊		＊	＊	＊
水鹿				＋	＋	＊	＊				＊	＊	＊	＊	＊	＋			＋						＊
台灣山羊	＊	＊	＊	＊	＊	＊	＊				＊	＊	＊	＊	＋	＊	＋	＊	＊	＊	＊		＊	＊	＊
梅花鹿								★																	

・蝙蝠類應普遍存在於表中各地區，過去由於針對蝙蝠的調查較少，因此資料也較缺乏。

・本表的製作根據行政院農業委員會、台灣省林務局及各國家公園之地區動物相調查報告，以及作者多年的野外經驗。

附錄❷

頭骨檢索表

以頭骨及牙齒特徵鑑別哺乳動物之簡易分類法。

1.上下顎皆無齒，下犬齒僅留退化的痕跡。

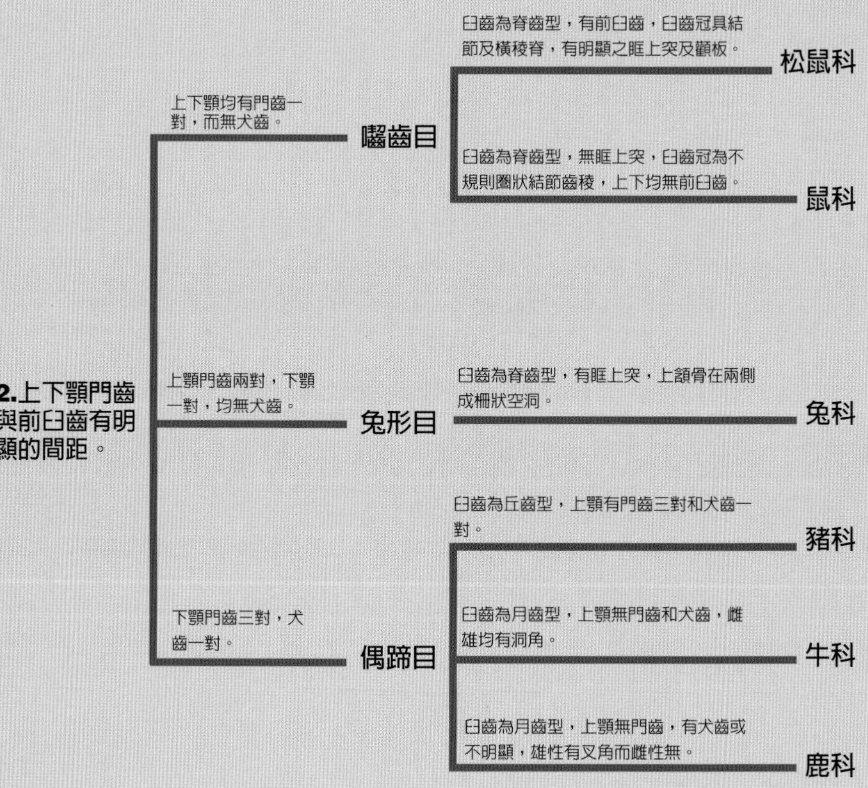

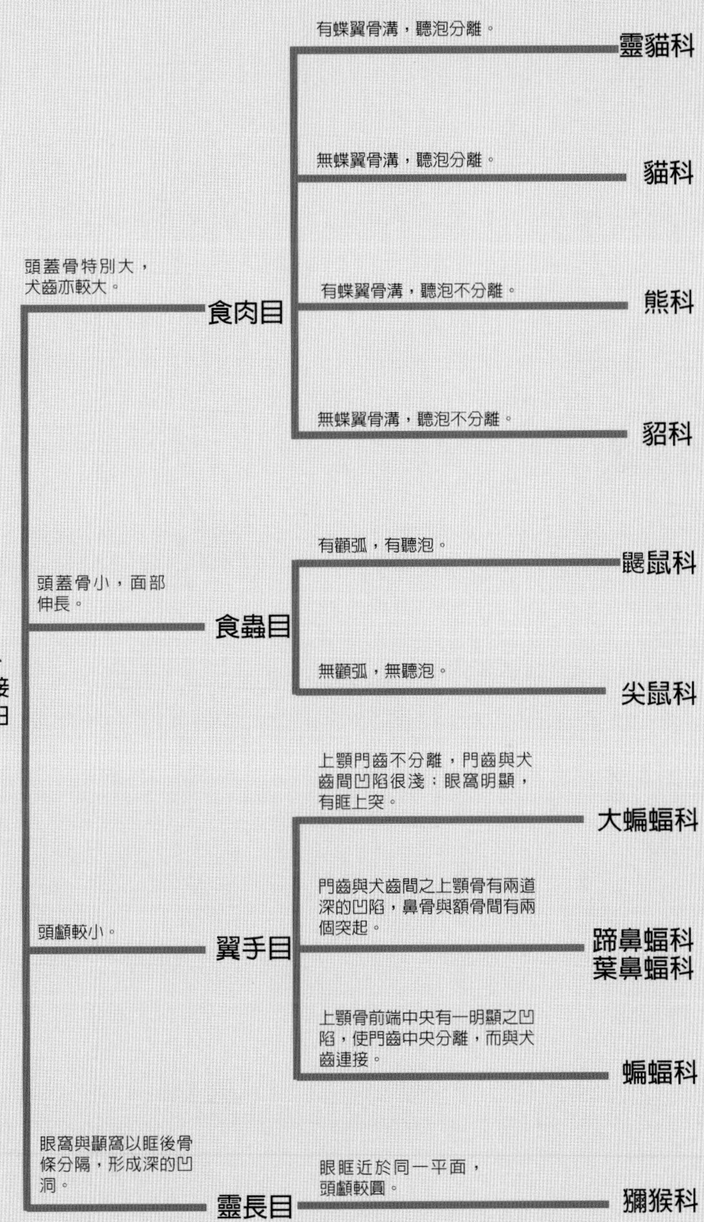

3.上下顎門齒、犬齒和前臼齒接連無大間距，臼齒均為丘齒型。
頭蓋骨特別大，犬齒亦較大。
食肉目
有蝶翼骨溝，聽泡分離。
靈貓科
無蝶翼骨溝，聽泡分離。
貓科
有蝶翼骨溝，聽泡不分離。
熊科
無蝶翼骨溝，聽泡不分離。
貂科
頭蓋骨小，面部伸長。
食蟲目
有顴弧，有聽泡。
鼴鼠科
無顴弧，無聽泡。
尖鼠科
頭顱較小。
翼手目
上顎門齒不分離，門齒與犬齒間凹陷很淺；眼窩明顯，有眶上突。
大蝙蝠科
門齒與犬齒間之上顎骨有兩道深的凹陷，鼻骨與額骨間有兩個突起。
蹄鼻蝠科
葉鼻蝠科
上顎骨前端中央有一明顯之凹陷，使門齒中央分離，而與犬齒連接。
蝙蝠科
眼窩與顳窩以眶後骨條分隔，形成深的凹洞。
靈長目
眼眶近於同一平面，頭顱較圓。
獼猴科

附錄❸

台灣陸生哺乳動物齒式簡表

食蟲目

鼴鼠科

鼴鼠 ……………3143／3053

尖鼠科

台灣短尾鼩 ……2113／1113

水鼩 ……………3113／1113
（台灣灰麝鼩／長尾麝鼩／小麝鼩等同上）

台灣煙尖鼠 ……3123／1113
（細尾長尾鼩／臭鼩同上）

翼手目

大蝙蝠科

狐蝠 …………… 2132／2133

蹄鼻蝠科 ………1123／2133

葉鼻蝠科 ………1123／2123

蝙蝠科

渡瀨氏鼠耳蝠 …2133／3133
（寬吻鼠耳蝠／台灣鼠耳蝠同上）

棕蝠 ……………2113／3123

摺翅蝠 …………2123／3133

台灣寬耳蝠 ……2123／3123

高山鼠耳蝠 ……2133／3133

夜蝠 ……………2123／3123
（台灣管鼻蝠／毛翼大管鼻蝠／東亞家蝠／金芒管鼻蝠同上）

高頭蝠 ………… 1113／3123

台灣長耳蝠 …2123／3133

霜毛蝠 …………2113 ／3123

黃頸蝠 …………2123／3123

游離尾蝠 ………1123／3123

靈長目

獼猴科

台灣獼猴 ………2123／2123

兔形目

兔科

台灣野兔 ………2033／1023

嚙齒目

松鼠科 …………1023／1013

鼠科 ……………1003／1003

食肉目

熊科

台灣黑熊 ………3142／3143

貂科

黃喉貂 …………3141／3142

鼬獾 ……………3141／ 3142

黃鼠狼 …………3131／3132

水獺 ……………3141／3132

靈貓科 …………3142／3142

貓科 ……………3131／3121

偶蹄目

豬科

台灣野豬 ………3143／3143

鹿科

山羌 ……………0133／3133

梅花鹿 …………0033／3133

水鹿 ……………0033／3133

牛科

台灣山羊 ………0033／3133

台灣鼠科臼齒面檢索

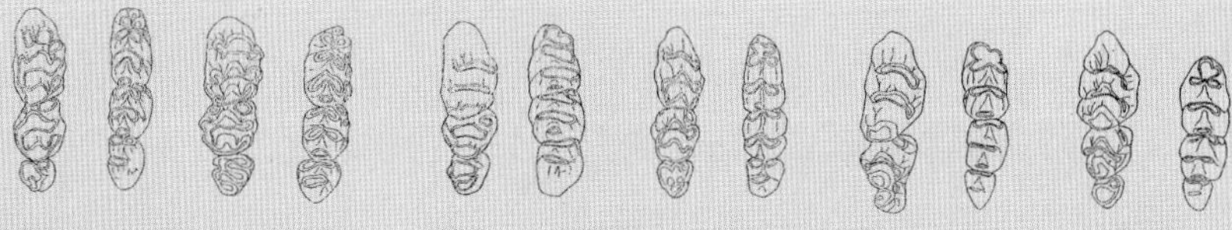

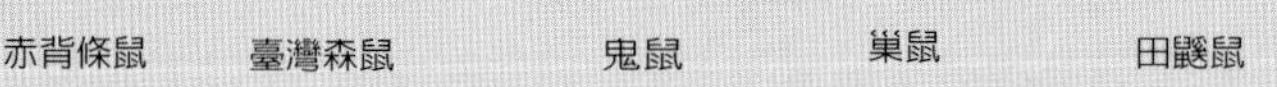

赤背條鼠　臺灣森鼠　鬼鼠　巢鼠　田鼷鼠　家鼷鼠

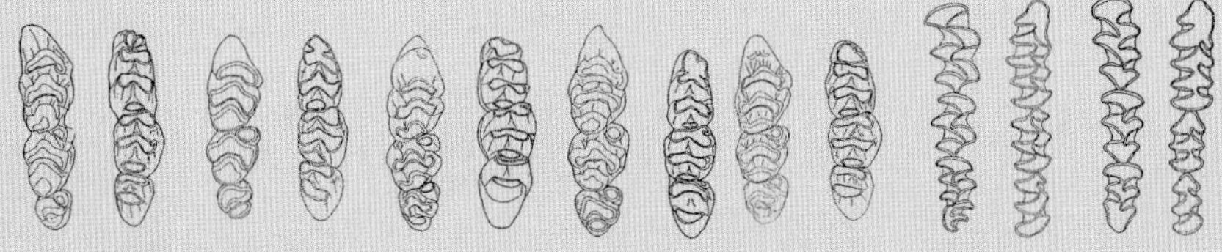

高山白腹鼠　刺鼠　小黃腹鼠　玄鼠　溝鼠　臺灣田鼠　天鵝絨鼠

附錄❹
動物標本製作要領

全身骨骼標本製作

❶準備好鐵絲、電鑽、熔膠槍等工具，並把四肢骨骼清楚分開，以鐵絲串好脊椎骨。

❷尾椎、四肢骨可以打洞穿入鐵絲，增加結構的力量。

❸將組合好的四肢骨骼各部位以熱熔膠與軀幹連接。

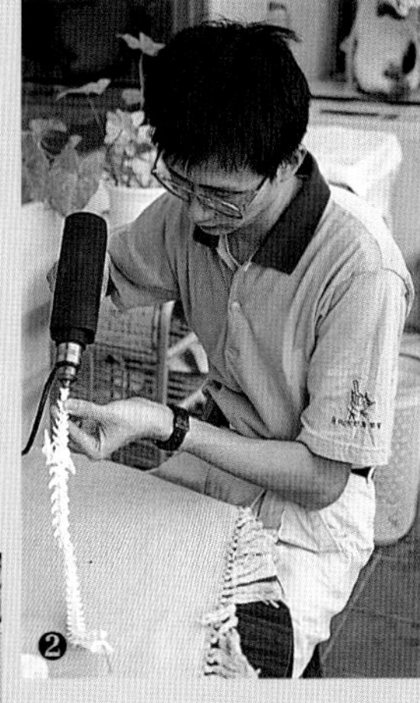

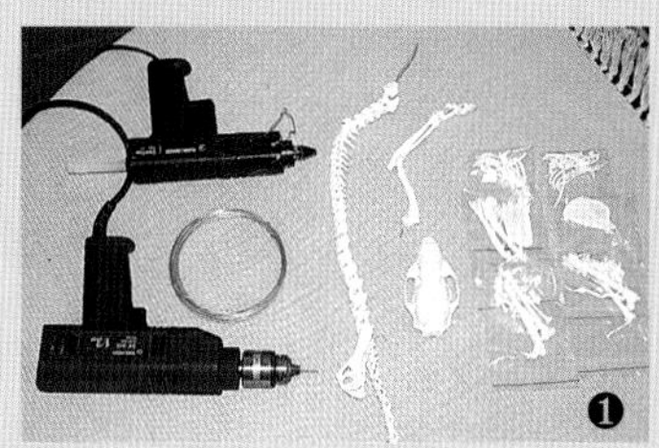

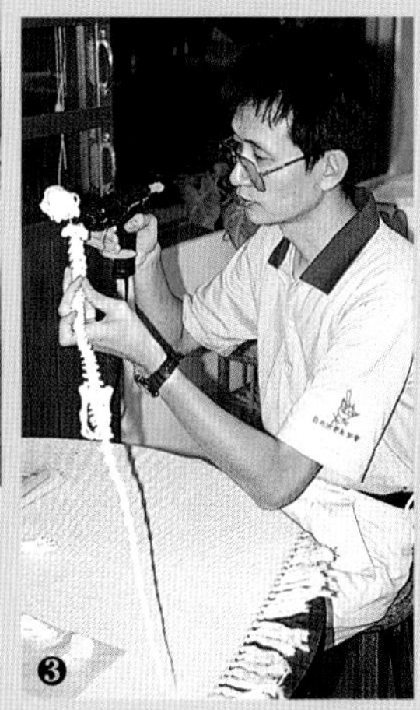

剝製標本製作程序

❶準備工具：解剖刀、剪、鑷子、鐵絲、棉花、明礬、針、線等。

❷自下腹部切開皮膚。

❸將皮剝離。並在皮的內層塗抹明礬或浸製礬水，使皮能防腐。

❹填入棉花或木絲製成的假體，腳和尾部穿入鐵絲。

❺將皮縫合。

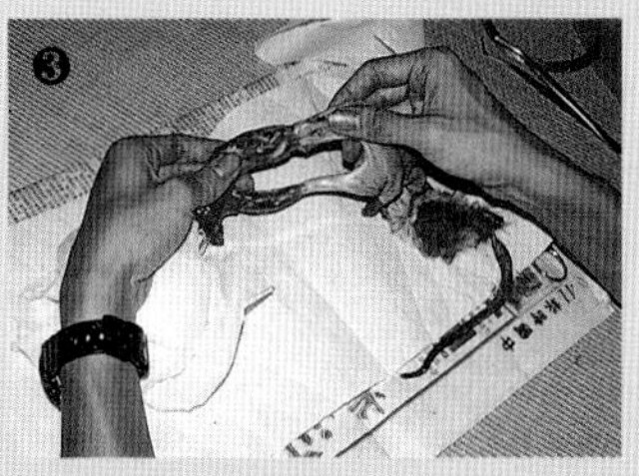

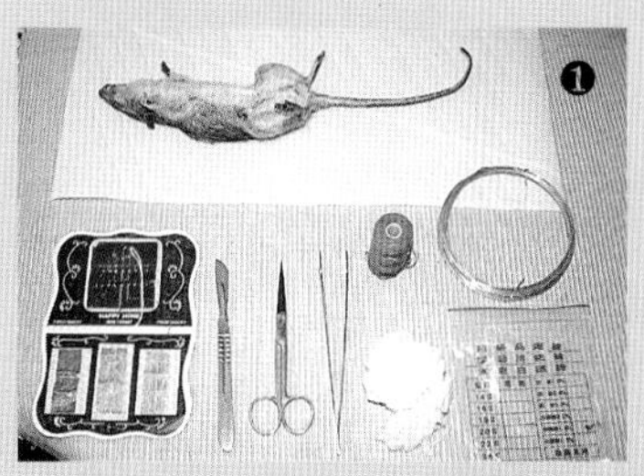

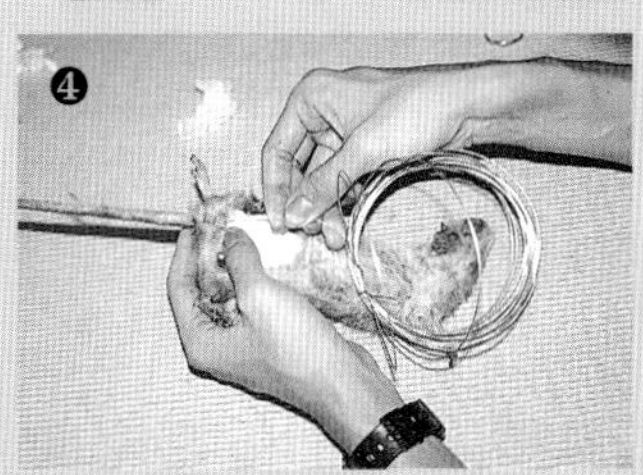

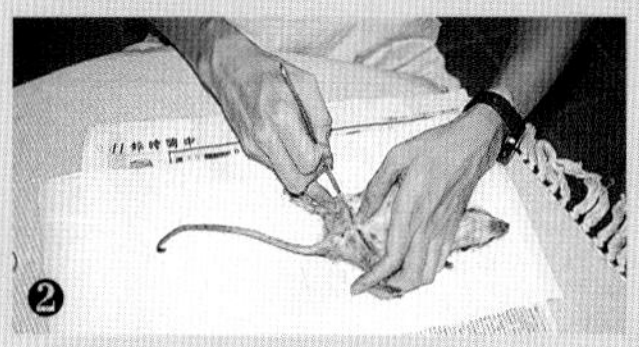

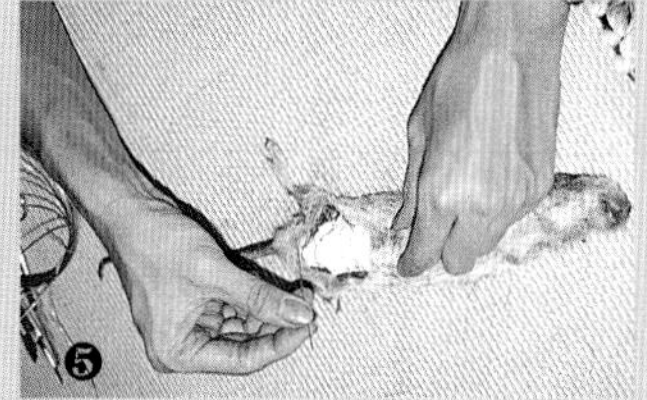

附錄❺ 學名索引

作者後記

作者祁偉廉全家合影

當我是復興高中的學生時，我欣賞到了大屯山蝴蝶的美；當我在農專讀書的時候，我傾聽了南台灣大部分鳥類的鳴唱，我看到了自然界中可愛又美妙的一面，但是野生哺乳類對我來說卻仍然是陌生的。直到1984年，在「大自然」季刊上看到了謝孝同先生所撰寫的「野生動物——被遺忘的孤兒」一文，我深受感動。由於當時還沒有野生動物保育法，獵殺濫捕就在眼前發生，雖然文中所提到的野生動物大部分是鳥類，但插圖卻全是1940年黑田長禮所著『原色日本哺乳類圖說』中的彩色插畫。因爲那時台灣是日本的屬地，所以書中自然也包括了在台灣出現的各種哺乳動物，一幅幅動物畫以當年的彩色印刷技術來說，可以稱得上十分精美，而且筆觸細緻生動，雖是圖鑑，但許多動物都畫了生態背景，該算是先進的畫法，看到這些，眞的讓我有驚艷的感覺。但想想這是四十多年前日本人做的，不得不說他們很重視台灣的自然資源，並且有計劃地從事調查了解。再回頭想想，台灣光復之後，我們在野生哺乳動物方面做了什麼？有什麼資料可看？一般人能買到的就是商務印書館出版、陳兼善先生所著的『台灣脊椎動物誌』，想到當時這樣的景況，不禁讓人有些感歎。

親身體驗

1983年從學校畢業進入了軍旅生涯，承蒙師大生物研究所王穎教授的賞識，讓我有機會在軍中的休假期間，以及退伍後的半年內參與野生動物的調查工作，工作內容主要是協助調查山產店對野生動物的利用狀況，而哺乳動物是其中重要的項目。由於動物資源、獵捕地和棲息地現況都需要了解，因此我便有機會深入全島山區，不少日子是和老師一起借宿原住民家石板地上過夜，也常和原住民一起進入渺無人煙的森林，入境隨俗地和他們一起吃著鼠肉稀飯，在營火前談論他們眼中的野生動物。印象最深刻的要算是在三民鄉，由前任鄉長孫榮顯先生帶領進入山區，並詳細地解說石上青苔留下的爪痕，白鼻心愛吃的黃藤果，獼猴群經過的大小次序，還有在野豬吃過的箭竹林中找尋剩下的竹筍，讓我嚐到了火烤後香甜可口的筍味。此外他還請數位山青上樹找尋白面鼯鼠的巢洞，並且述說飛鼠傍晚出洞的行爲；夜深人靜後還將我喚醒，傾聽山羌、飛鼠的叫聲……。這些經驗連同數則如「小孩變成大冠鷲」的布農族童話故事，都一一記錄在我的筆記中，至今仍珍藏著，有些還成爲本書的基本資料。

生死的接觸

1988年初夏，在前往三民鄉的途中經過甲仙，當時甲仙的特產除了芋冰、芋餅之外，更是山產的集散地，當我挨家挨戶訪問時，發現一隻前肢被捕獸器夾傷的麝香貓，被關在鐵籠內奄奄一息，店家給牠的雞脖子完全沒吃，腥味及傷口的發炎引來了許多蒼蠅繞飛，一時憐憫之心油然而生，我於是向老板詢問，最後他們願意以五百元的價錢賣給我，但我卻因將入山而沒法帶著，於是先付了定金，再去藥房買了些藥品，隔著籠子幫牠打了針，在傷口噴了消炎藥，處理完我就先上三民鄉。三天後再次看到牠時，籠子裡的雞脖子已啃得很乾淨，而且很有精神地蹲臥著，傷口也有癒合的跡象，眞叫我心中高興非常，怎奈這時從店裡出來了一位老板的媳婦，手上抖著兩張紙鈔說：「錢退給你，我們老板說不賣了。」

從獸醫系畢業後直到考上執照，根本無法預料何時才能開始從事臨床工作爲動物治病，但就這樣，麝香貓成了我第一位野生動物患者，此後，一直到投入獸醫工作至今十年，期間接觸的台灣野生哺乳動物不在少數，有些是不當的飼養，有些是自然造成的傷害，近如對門皮件行老板買的大赤鼯鼠嬰兒，遠到金門被夾傷腳的水獺，有的經過救治可以活著回到自然界，但也有的不幸死亡。生生死死之間，我發現醫療不是協助牠們的最好方法，只有保育的實施才是最直接之策。

爸爸，有動物

1995年秋末，大兒子阿文那時還是幼稚園小班的學生，因爲園址在陽明大學內，所以常有機會在黃昏時一起到校區內散步，當我們走到通往榮總的隧道口時，阿文突然指著一棵結實串串的樹說：「爸爸，有動物。」平常看到的若是鳥，他會直接說有鳥鳥，而他這回卻說有動物，必然不是鳥。循著他的目光，我們看到了在樹枝間跳躍穿梭的赤腹松鼠。此後的一段時間，我們便經常來此觀察赤腹松鼠，看牠傾身搆採成串的果實，看牠伏在大枝幹上啃食，撿拾牠啃過丟下的枝梗果皮，成了我們溫馨的親子活動，我眞希望這種感覺能永遠存在，也希望這些生態環境不被破壞。然而若只把自己的孩子教好，就能保得住這些生態嗎？我又如何能告訴全天下的孩子大自然有多美呢？於是如何將自己多年來收藏的資料公諸於世，便成了我的期望。

動物回來了

1996年夏天，連日的豪雨之後，將兩隻穿山甲沖下了山，居民看到不知所措，不知牠會不會咬人？不知該從何處下手拾起捲成一球的東西，幾經周折，傷痕累累的穿山甲便送到我的醫院來。在野生動物保育法實施之後，野生動物又會漸漸地多起來，然而我們究竟是如何面對「動物回來了」呢？

在舊有的觀念中，常將哺乳動物區分爲有益和有害兩類，有經濟價値者稱爲益獸，損及利益或是危險者稱爲害獸，對於有害者均予捕殺。然而現在對動物的整體觀念已有所改變，有時面對有害的動物時，還要抱著一點「周處除三害」的心情，事實上人類的領域一直不斷擴張，也不免會使人與野生動物之間產生許多對峙與衝突。

領角鴞之緣

我以業餘觀察者的身份，點點滴滴地累積了腳印的資料，加上身爲獸醫對野生動物特殊的接觸，一直很想爲台灣野生哺乳類動物做些微薄的事。早年資料的不足，已在近十多年中，因各大學相關研究所的師生、林務局、國家公園、林試所等單位共同的努力而越來越臻齊備，然而專業的報告並不是一般民眾所能接觸得到，我衷心希望能摘出動物有趣之處公諸大眾，然而光有文字必定索然無味，若有精美的插畫穿插搭配，必能吸引大家的目光。有幸在兩年前因一隻受傷的領角鴞，由吳尊賢鳥友介紹，認識了護送而來的徐偉夫婦，正好他們是大樹的美術設計和主編，於是就談起了此書的構想，在看過我收藏的資料之後，很快地獲得了發行人張蕙芬的首肯，決定製作出版，並定下了兩年的工作時間表。

山林的饗宴

在兩年的製作過程中，爲了充實各種圖片，以及找尋美麗的景緻收納入書中，我和徐偉一次又一次地進入山林或田野親身感受，每一回遇到了不熟悉、不確定的動物蹤跡或行爲，便進一步查閱資料或請教國內專家學者。這兩年期間，台大李玲玲教授經常提供專業的指正，排除了種種疑惑。而當徐偉的畫作一幅幅地完成，我覺得再度有驚艷的感覺，因爲他甚至能畫出傳說中的景象，著實讓人感動。

從撰稿、修正、設計插圖到寫圖說，一連串的編輯程序對我這個平常拿慣了注射針筒與手術刀的人而言是全然陌生的，但是由於此書的性質不同於一般以文章爲主的書籍，所以必須在製作過程中也全程參與，這對我來說又是一次增長見識。而在插畫方面，更是難爲了徐偉，一些解剖構造幾乎也都在資料不足的情形下，被要求「想像畫」，最後再經過我的挑剔才算過關。歷經了整整兩年的辛苦與努力，衷心希望這本書能有助於自然觀察者對台灣哺乳類有進一步的認識與關心。

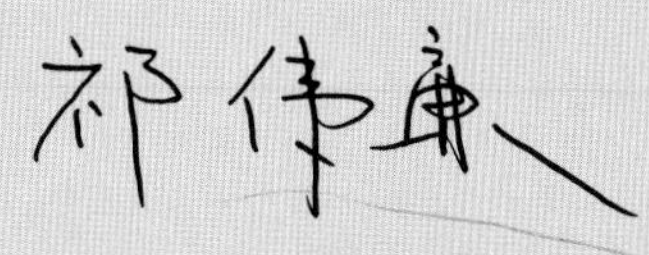

本書的製作特別感謝：（依姓名筆劃順序）

于宏燦、王穎、方引平、方韻如、尤仁輝、印莉敏、朱何宗、江玉芳、伏鳳岐、李玲玲、李佩珍、李芳儒、杜銘章、祁成全、余珍芳、呂光洋、呂勝由、吳海音、吳俊銘、孟光卿夫婦、周蓮香、邱若君、林良恭、林永進、林昆海、林俊聰、林慧玉、季昭華、紀純珍、姜博仁、孫元勳、袁瑞雲、高武安夫婦、陳一銘、陳怡君、陳彥君、陳連興、陳翠霞、陳福利、陳美汀、陳瑞雄、陳順其、黃美秀、黃光瀛、許重洲、許育誠、張馨蘭、張志華、溫春福、鈕子倫、裴家騏、趙榮台、劉振山、劉新民、劉炳燦、鄭明珠、鄭錫奇、鄭維德、鄭振寬、蔡木生、蔡牧起、潘明雄、錢興華、謝光明、簡哲仲、羅進興、羅幸惠、增修協助張育誠、周政翰、林宗以、陳晴惠、賴慶昌。

金門國家公園管理處

墾丁國家公園管理處

台北市立動物園

台灣大學、師範大學野生動物研究室

参考書目

台灣的蝙蝠—再版　國立自然科學博物館　李玲玲、林良恭、鄭錫奇著

台灣脊椎動物誌　台灣商務印書館　陳兼善、于名振著

獸　太魯閣國家公園　游登良、呂光洋著

玉山的動物＜哺乳類＞　玉山國家公園　李嘉鑫著

中國鹿類動物　華東師範大學出版社　盛和林著

中國動物誌——獸綱第八卷食肉目　科學出版社　高耀亭著

中國野兔　中國林業出版社　羅澤珣著

日本的哺乳類　東海大學出版會　阿部永等著

日本的動物——哺乳類　小學館　增井光子著

Animal Tracks　Houghton Mifflin Company　Olavs J. Murie

Mammal Tracking in North America　Johnson Publishing Company　James Halfpenny

Animal Tracks and Signs　Collins　Preben Bang

Animals of Britain and Europe　Their Tracks, Trails and Signs　Country Life　R.W. Brown

Mammals of Thiland　S. Dillon Ripley, Boonsong Lekagul, M.D. & Jeffrey A.,McNeely, M.D.

動物畫手記

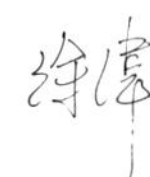

繪製哺乳動物耗時兩年，兩年間幾乎推掉了其他所有工作，這兩年來無論生活或工作上的辛苦不足爲外人道，回想從前經歷的困難如今都成了豐實的回憶，我感謝作者祁醫師邀我參與本書的製作，讓我有機會對我生長的島嶼上的動物有了深入的接觸。繪圖期間我經常在清晨時散步山中，發現自己對哺乳動物的觀察力不斷增加，期間我曾在開車時發現路邊的鼬獾屍體、在一處工寮與一隻獨居的大蹄鼻蝠邂逅，在我從前經常行走的郊山上發現許多穿山甲的掘食洞穴，冬季爬山時，我在野豬拱過土的路上，看見一群下山偷吃橘子的獼猴……。這段期間雖短短兩年，卻是我一生中接觸野生動物最頻繁的歲月，有些遭遇甚至說來傳奇，祁醫師說我與動物有緣，雖然我知道這是因爲知識與經驗的累積，使得眼光大開，但我仍寧願浪漫地體味每一次特別的遭遇。

如今，每一隻被我畫過的動物，我都莫名其妙地與牠們產生了情感，在書尚未出版前，我已擁有豐沛的收穫，這些豐沛的收穫也正鼓舞我繼續朝向我喜歡的自然創作行去。

台灣山羊

台灣山羊的特色是能在亂石滑動的大崩壁上行走如夷。其實從低海拔到高海拔都有牠們的蹤跡，這幅圖我刻意安排在高山上，想像冰雪初融的陽春季節，陽光一大早露臉竟驅不散寒冬留下的餘寒，空氣中，每一入鼻盡是冷冽清新，一頭山羊剛從附近冷杉林中鑽出，來到這固定路線中的斷崖上準備尋找一個所在休息，驀地，一隻猛禽遠遠出現在眼角餘光，牠本能地轉身凝望，幼年時的恐懼，仍在心中一閃即逝。

山羌

清晨或者黃昏，在罕無人煙的山區行走，偶爾會與山羌在山道上相遇，一瞬之間，就看牠翹起尾巴倉皇奔竄，消失在樹林之中……。

福山植物園區內有不少山羌，我曾在園內的涼亭中，目睹山羌由林中走出，由於身在亭中，與動物維持著和平的距離，山羌於是在草地上從容進食。就著一點記憶，我想畫出區內所見草地上的山羌。畫面中，山羌慢跑出樹林，穿過林葉的斑爛陽光灑在奔跑的山羌身上，使得畫面有著熱情生命的律動感。

梅花鹿

梅花鹿是台灣陸生哺乳動物中最美麗耀眼的一種，300年前西部平原隨處可見。我試著構築當時一處溪流沿岸，在秋末，血紅的天色映入河水，溪流處，五節芒和甜根子草在夕陽薄暮中翻飛，連接著芒草區的樹林，據說可能就是梅花鹿最常活躍的區域，樹林與灌叢能讓牠們隱匿身形。牠們採一夫多妻制，一家之主的成年雄鹿一到求偶期，隨時都要應付其他雄鹿的挑戰，勝利者擁有交配權，使得最優良的血脈得以傳續。

水鹿

國家公園成立後，動物受到保護數量好像多了起來，一位朋友從山中回來，告訴我在山中的一個鞍部，發現有大量的水鹿排遺，我便由此模擬構圖。我一直希望在這些動物畫作中，除了能夠忠實描繪動物本體外，也能經營周邊氣氛，我設想在一個中高海拔的高山鞍部，清晨迷霧未退，箭竹表面罩著一層薄薄的霜凍，冷冷的空氣將畫面凝結成一片透明的灰與白，就在這樣的氣氛中，有一對雌雄水鹿，在此進食。

台灣野豬

記得一次野外調查，我們一行人在沒有路跡的林子裡穿梭，方向全靠領隊的經驗與記憶，我們在行程中數度與野豬的路徑交錯，一路上看到一些牠們的排遺與拱土的痕跡，也看到許多被嚼食過的姑婆芋殘莖，但終究沒看到野豬。野豬嗅覺非常靈敏，經常聞「風」而逃，難被發現。這幅畫是我在另一次拜訪人工飼養的野豬後，畫下了記憶中酷酷的眼神。而擋在牠身前的姑婆芋，正是當時我家院中的一株。

穿山甲

穿山甲會爬樹？為了記錄這個令我欣喜獲知的爬樹行為，於是構出穿山甲上樹找舉尾蟻的畫面。根據祁醫師詳細的解說，我利用一具穿山甲屍體擺出爬樹狀來描繪，鉛筆構圖完成先請祁醫師看過，在上色之前，一位曾經調查研究過穿山甲的朋友來訪，為求無誤，我也請教他穿山甲爬樹的情形。在摸索表現方式的過程中，曾失敗一次，面對這隻全身佈滿鱗片，一點都不像哺乳類的動物，我只能像是刺繡般的做著慢工細活，直到最後一片鱗完成後，才舒了一大口氣。

台灣黑熊

人煙罕至的中海拔山區，一個霪雨初晴的好天氣，熊媽媽帶著兩個小熊寶寶，出現在一片向陽的裸露地，一早開始覓食，如今已經吃飽，熊媽媽走到一棵巨大的紅檜枯木下，準備好好地打理自己，牠伸個懶腰緩緩坐下，靠著樹幹開始用粗樹皮磨背抓癢；精力旺盛的兩個小熊寶寶，當然不會放棄任何一個玩耍的機會，牠們在巨木邊追逐打鬧，一會兒又在赤楊木上玩爬樹遊戲，媽媽對孩子的頑皮視若無睹，甚至，還欣喜於牠們在遊戲中習得若干狩獵與避敵的生存技術。

黃喉貂

黃喉貂這種動物在台灣向來就很稀少，畫這幅畫我能參考的是一隻標本和幾禎照片，但這些都沒有我需要的構圖，考慮再三，只好以一張模糊的頭部特寫和標本做結合，這樣的情況讓我在作畫前缺乏信心，因我的腦中無法凝聚出一隻活生生黃喉貂的形象。於是，我開始搜尋牠們在世界各地的其他親族，來觀察Marten這種動物的體態形貌，在比較了許多同一屬的動物後，就用自己的“認為”加上祁醫師的建議，完成了這張“虛擬實境”的作品。

黃鼠狼

黃鼠狼個頭雖不大，卻也是兇猛的獵食動物，牠們的分佈從河口到高山都能見其蹤跡，只是低海拔數量少不易見，在高山上牠是經常登山的人較不陌生的哺乳動物，憑著藝高膽大，黃鼠狼常會跑到營地來翻找食物。我希望在這批動物畫中，能有一張以高山雪地為背景的圖，由於經常聽祁醫師提及春季雪融前，要到高山拍攝黃鼠狼在雪地上的腳印，於是我便想像了這個畫面。

鼬獾

在畫鼬獾之前，我曾在住家附近的公墓邊發現一隻屍體，當時開車過去，眼角閃過，初以為是小貓小狗，直覺地停車察看，才發現是隻獾屍，這公墓並不偏僻，附近也有人家，甚至經常有狗群遊蕩，卻沒想到竟是鼬獾的棲地，可見牠們自有其生存之道，畫時我參考了一些圖片，觀察屍體，再將其安排在林間低矮灌叢下的陰溼草地，屬於夜行性動物的牠正踽踽獨行，四處翻找食物。

水獺

我曾經隨祁醫師到金門國家公園觀察水獺，這是台灣地區還篤定有水獺的地方，我們在田浦水庫發現不少的水獺足跡，並且拓印了一條非常完整的步態。從金門回來後，我幾次到住家附近的屈尺直潭壩水域觀察，沿溪畔行走竟不時拿出金門經驗在地上搜尋，希望能發現一點水獺的足跡或排遺…，我不禁茫視著眼前這片寬闊的水域，浪漫地幻想著百年前水獺在此悠游的情景，這個腦中的景象爾後就成為我畫面上背景的構圖了。

麝香貓

畫這張圖前，祁醫師說明了各個細節，並特別交代要我將牠那賊賊的眼睛和尖狹的嘴臉表現出來，我翻遍參考書籍找了一張國外其他靈貓科動物的圖片為藍本，腦中偶爾想起一位朋友的敘述：「晚上在福山植物園區內開車時，經由車燈看到前方不遠處可能正路過或排便的麝香貓」。處理頭部時，我格外注意將牠的眼神和臉部輪廓做修整，完成之後突然覺得這種動物有點像印象中的狐狸，台灣沒有野生的狐狸，不知道小時候聽到的鄉下狐狸傳說，指的是否就是麝香貓。

白鼻心

台灣的哺乳動物中，有幾種外型相當討人喜愛，白鼻心就是其中一種。畫白鼻心時，我打算將背景留白，那時我常在附近山區行走，清晨時分，曉霧瀰漫整個橘子園的情境，每每讓我感動，於是，我將背景處理得迷濛，正好看來像似曉霧又似留白，而白鼻心在細枝上輕巧的身影，就更加清晰。

食蟹獴

食蟹獴顧名思義喜食螃蟹，因此理當經常在溪畔活動，我去福山植物園時，聽說有人在水生植物池畔數次看過牠的蹤影。畫牠時，背景雖說是想像畫，其實畫的是新店溪、南勢溪一帶的記憶，我有空時偶爾便會下到溪底溯溪而行，欣賞山色溪景並做觀察，所以作畫時我心中大致擬定構圖後，便讓筆鋒隨意行走，逐漸鋪陳出溪景後，再作一些細部修飾，背景就算完成，倒是動物本身給我的考驗最大，幾經修改，才算完成。

雲豹

為了表現雲豹的樹棲特性，我想當然耳地將牠畫在一棵長滿蕨類的大樹上，儘可能地呈現出熱帶樹林中的景象。雖然這些景象全出自想像，連這隻模特兒也是動物園從東南亞進口的舶來品，無法判定這兩者的色斑有何異同，但我在畫這幅畫時，仍然希望在遙遠的深山林內，有著一隻雲豹像畫中一樣地在樹上活動。世界上其他有雲豹存在的地方，數量都不多，台灣山高水深，許多地方人煙罕至，我希望傳說中的小黑人和雲豹依然如謎般地隱藏在飄渺的山林中。

台灣野兔

我喜歡一大清早在無人的山中獨行，嗅著冷冷的空氣，偶爾傳來台灣小鶯「你——回去」般的叫聲，甚至偶爾撞見一隻遲歸的鵂鶹……。那天我走到山頂一處無人的果園，稍作逗留便即下山，回程中，突然瞥見一株果樹下躺著一具小動物的屍體，原以為是小野豬，走近看了發現是一隻野兔，抱起來身上還有餘溫傳來，趕緊帶回家中，一方面拍照存留，一方面趕緊構圖描繪，畫了下來，我原本發現過排遺、腳印，就斷定此地存有野兔，卻想不到真的撞見屍體，解決了我一時苦無資料的隱憂。

條紋松鼠

畫完條紋松鼠，我自己很喜歡，構圖簡簡單單，只一棵大樹幹上蹲著一隻條紋松鼠，拿著青剛櫟的果實，一會兒急速啃咬，一會兒注意四周，背景除了兩條掛著隨風輕顫的松蘿的蔓藤外，一無別物，只是一片茫茫冷綠，罩著整幅畫，讓畫面變得冷了起來，畫這幅畫，我當做是一件小品，畫起來輕鬆自如，畫完後，卻是非常滿意。

白面鼯鼠

高山上，冷杉林中，看似暖暖的月，卻散著寒寒的光，本該寂靜無聲的夜晚，突然樹梢一陣抖動，一團黑影掠過……。鼯鼠是作客山中較容易發現的動物，如果說其他夜行性動物像忍者，鼯鼠這種移形換位的風格，正如高來高去的俠客。台灣的三種飛鼠以白面鼯鼠分佈的海拔較高，據說牠也會在三千公尺左右的冷杉林中活動，於是，這張圖我模擬了針葉樹林中的情形，前景一隻鼯鼠正啃食杉木的毬果，後方不遠處的上空，另一隻飛鼠由上空悄悄掠過，來說明其野外生活的情形。

台灣狐蝠

在畫狐蝠前，原本決定要畫香蕉林中的景象，特地跑去拍了許多照片回來參考，但祁醫師認為應該讓牠吃野生的果實，建議我畫林投果，老實說，當時時間已十分急迫，雖然我也曾想過畫滿樹的牛奶榕，隨後馬上因時間急迫而推翻，不過林投果這個建議太好了，我決定試試，於是多花了幾天的時間跑去北海岸看林投，回來加緊時間畫了出來，果然覺得還不錯。

渡瀨氏鼠耳蝠

我住的社區有一條溪，每年四、五月，從入夜開始，溪流附近的上空會有一群飛舞的精靈開始活躍 。自從發現蝙蝠的糞便而確定此地有蝙蝠後，我偶爾會在傍晚時散步至此，就著最後的餘暉看溪流上方 、樹梢林間有成群的蝙蝠飛舞覓食。另外，我曾在附近山區發現過一隻獨居的渡瀨氏鼠耳蝠，如果你能放下成見，將會發現渡瀨氏鼠耳蝠是非常美麗的一種蝙蝠，在構想蝙蝠這張圖時，我一開始就決定畫牠，其時又正逢社區花蟲季，才構想出這幅蝙蝠追逐螢火蟲的畫面。

台灣獼猴

台灣獼猴在山區愈來愈容易看見，逐漸影響了山民的經濟利益，成為近年來爭議的話題。長久以來，國人看待自然仍不脫以人為本的價值觀，其實獼猴每天以最自然的方式，取得基本的生活必需品，哪裡方便哪裡取得，只是人類無止盡的開發，破壞了動物們原本的棲地。經常在山區行走的人，當會發現台灣低海拔山區已體無完膚，幾無原始林，僅存的動物在人力稍有不及之處，才能苟延生命。因此，在山裡行走時如果能看到猴群我總是特別高興，因為屬於極少數日行性哺乳動物之一的獼猴成了我心中的指標，看到牠們，相信此地應該也還有一些平時無法見到的夜行動物吧！

石虎

我養了兩隻貓，有一段時間我特別注意牠們，必須搶在第一時間內，奪下牠們口中的野鳥獵物，我發覺霪雨季節，獵獲最豐，想是雨天讓林間避雨的鳥兒知覺變得遲鈍了吧，我曾無事細細觀察過我家貓兒的獵技，發覺牠們真是天生的獵手，潛近時靈巧無聲，比的是耐性，攻擊時迅捷狠準，憑的是速度，不過縱是如此，對手是飛鳥，大多數都沒成功，我最欣賞牠們的就是失敗後完全看不出急躁，反倒好整以暇地準備下一次出擊。因此，我在畫石虎時，就畫了這個潛行的動作，對象是隻黑冠麻鷺，場景在我家後山溪邊的潮溼林下，我曾在那發現過一隻黑冠麻鷺的亞成鳥。

巢鼠

巢鼠是台灣最小型的鼠類，居住的巢乃就地取材，撕裂長葉纏繞而成，不破壞葉的組織，使之常保青綠，增加隱蔽性，我多番在芒草叢中尋覓而未可得見，想是這個原因。不過作畫的時候，參考過一個輾轉得來的舊巢，雖已枯褐，仍能加以想像復原。

台灣鼴鼠

雖然鼴鼠拱起的地道，在野外經常看到，但是牠的「本尊」，卻非常難得一見，我曾看過牠的地道出口，也在路上發現過屍體，知道牠終究還是會鑽出土面，於是畫了這幅想像畫，刻意拉遠的地平線，在彩霞的映照下，有點超現實的味兒。

台灣煙尖鼠

我曾在中海拔檜木林中穿梭，看到許多水晶蘭，在畫尖鼠時，是先選擇了背景，才決定主體，畫面是暗暗的林下夜晚，一隻尖鼠在鋪滿落葉的土表層中尋覓食物。

◎作　　者／祁偉廉
◎繪　　圖／徐　偉
◎內頁設計／徐　偉
◎增訂內頁設計／黃一峰
◎封面設計／黃一峰

◎出版者／遠見天下文化出版股份有限公司
◎創辦人／高希均、王力行
◎遠見・天下文化・事業群　董事長／高希均
◎事業群發行人／CEO／王力行
◎天下文化社長／林天來
◎天下文化總經理／林芳燕
◎國際事務開發部兼版權中心總監／潘欣
◎法律顧問／理律法律事務所陳長文律師
◎著作權顧問／魏啟翔律師
◎社址／台北市104松江路93巷1號2樓
◎讀者服務專線／（02）2662-0012
傳真／（02）2662-0007；2662-0009
◎電子信箱／cwpc@cwgv.com.tw
◎直接郵撥帳號／1326703-6號　遠見天下文化出版股份有限公司

◎製版廠／東豪印刷事業有限公司
◎印刷廠／立龍藝術印刷股份有限公司
◎裝訂廠／精益裝訂股份有限公司
◎登記證／局版台業字第2517號
◎總經銷／大和書報圖書股份有限公司　電話／（02）8990-2588
◎出版日期／2018年10月23日第一版第1次印行
◎出版日期／2022年8月26日第一版第4次印行

◎ISBN: 978-986-216-217-0
◎書號：BT1022　◎定價／700元

天下文化官網　bookzone.cwgv.com.tw

國家圖書館出版品預行編目資料

臺灣哺乳動物 = A field guide to mammals in Taiwan / 祁偉廉著；徐偉繪圖. -- 第一版. -- 臺北市：天下遠見, 2008.10 面；　公分. -- (大樹經典自然圖鑑 ;1022) 含索引

ISBN 978-986-216-217-0(精裝)
1. 哺乳動物 2. 動物圖鑑 3. 臺灣

389.025　　97018586